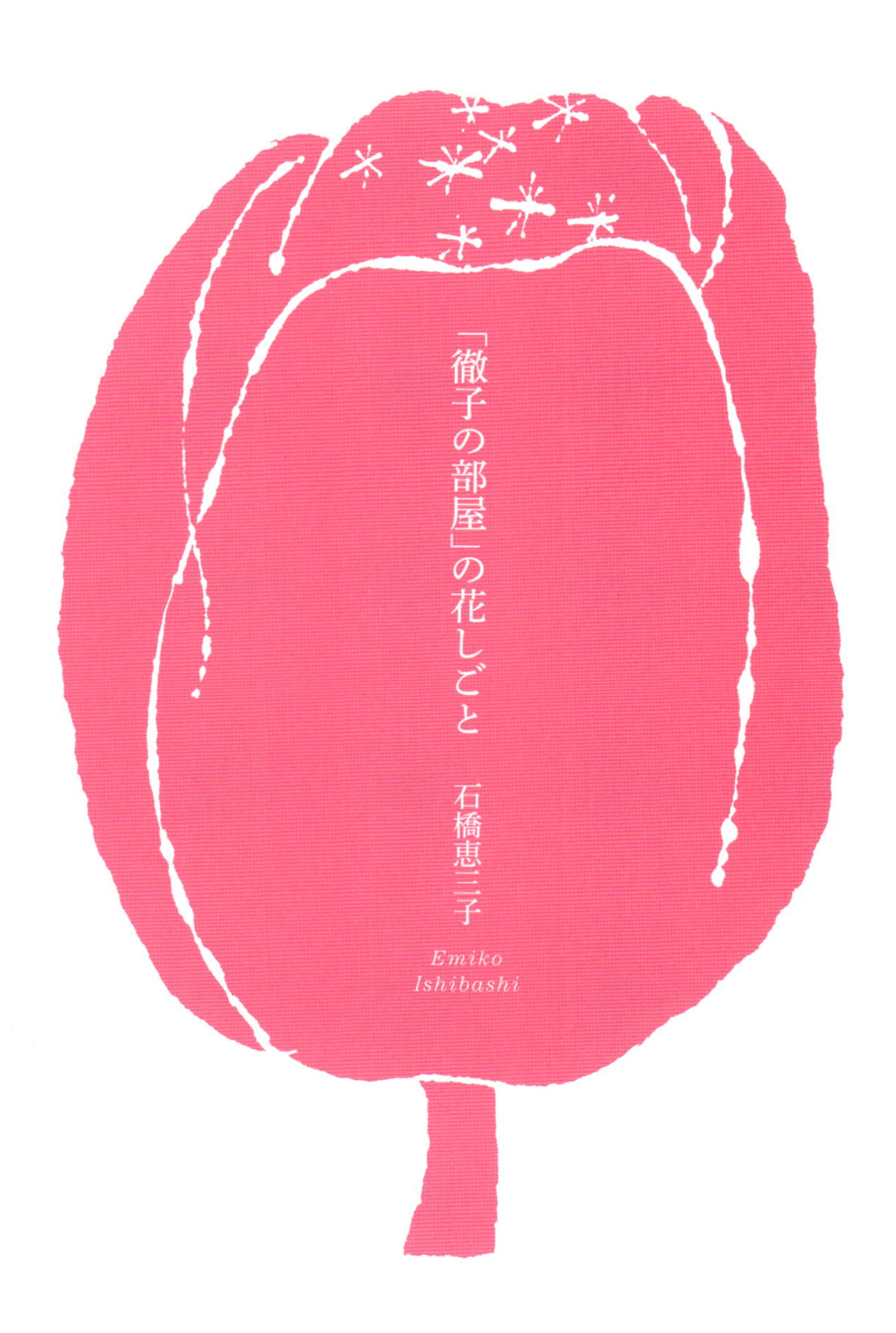

産業編集センター

はじめまして。
石橋恵三子といいます。
テレビ業界に身を置き、50余年になります。

ドラマやバラエティ、ニュースなど、テレビ番組のセットに飾る花、
演者の方々が口にする飲み物や食べ物のことを「消えもの」というのですが、
日本で初めて「消えもの係」を担当したのがこの私。
「徹子の部屋」の放送第一回目から、ずっとゲストのために花を生け続けてきました。

番組の収録日は、
ゲストのイメージに合わせて
あらかじめ買い付けておいた
花材、花瓶をバックヤードに並べ、
短時間でアレンジします。

A

直感を信じる。自分の感性を信じる。

事前に調べておいた
ゲストのイメージメモをもとに、
ある程度頭の中でアレンジを組み立てておきますが、
実際にはその日のお花の状態を見ながら、
そして私自身の直感を信じながら、アレンジしていきます。

葉加瀬太郎さん、竹下欣伸さん、斉藤恒芳さん（クライズラー＆カンパニー）

桃井かおりさん

ゲストの衣装は本番まで知らされていないのですが、直感で生けた花の色や種類がゲストの衣装やエピソードと見事にシンクロすることがあります。花も人も生き物。それぞれが共鳴しあい、思いがけないミラクルを引き起こすのかもしれません。

だからこうして77歳になる今の今まで、私は楽しみながらこの仕事を続けてこれたのでしょう。

本書では、「徹子の部屋」でのエピソードを語りつつ、私自身の花人生をも振り返りたいと思います。皆さんの日々の暮らしを彩る存在、そう、まさにお花のような本になれば、私はとっても嬉しいです。

石橋恵三子

「徹子の部屋」の花しごと

もくじ

第1章
Chapter.1
「徹子の部屋」の花しごと

第2章

Chapter.2

「消えもの」人生ここにあり

第3章

Chapter.3

大好きな花しごとの原動力

終章 Epilogue
花しごととの出会い　私の原点

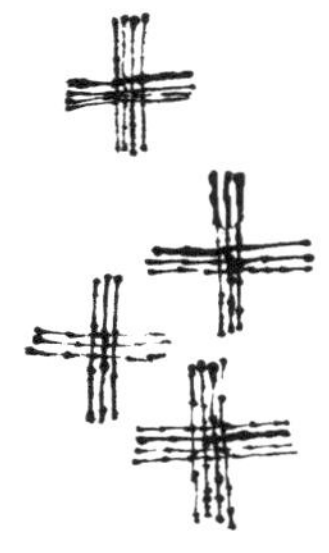

この章では、放送第1回目から伴走してきた
「徹子の部屋」内での
フラワーアレンジメントがもたらした、
笑いあり涙ありのとっておきのエピソードの数々を
ご紹介したいと思います。

第1章

Chapter.1

「徹子の部屋」の花しごと

01

画面から消えてなくなるから「消えもの」それを初めて仕事にしたのが私です

ドラマやバラエティ、ニュースなど、テレビにはいろいろな番組がありますが、その画面の中を彩るのは、素敵な俳優さん、タレントさん、アナウンサーといった演者だけではありません。舞台セットももちろんですが、実はなくてはならない大切な役割を果たしているのが「消えもの」と呼ばれる道具です。

「消えもの」なんて聞き慣れない方がほとんどかもしれませんが、テレビの業界では、セットに飾る花や、演者の方々が口にする飲み物や食べ物のことを、〝番組が終われば消えてなくなるもの〟という意味で「消えもの」と呼びます。

私はテレビの仕事を始めた時からずっと一筋に、この「消えもの」を準備する係を担当してきました。いえ、正確には、私がこの仕事を始めてからテレビ局に「消えもの部」というセクションができたといった方がいいでしょうね。

私がテレビ局に出入りを始めたのは、まさにテレビ局の黎明期。当然、放送は白黒で、録画の技術も少なく、ニュースもドラマも一発勝負の生放送。もともと私は姉の嫁ぎ先の家業を手伝う形で、花をテレビ局に納入する仕事から始めましたが、その時たまたま作業場が近かった調理担当の男性のお手伝いをしたことがきっかけで、いつの間にか私が料理まで引き受けることになったのでした。

白黒放送の時代には、花は「造花で十分」といわれましたが、やっぱり美しい花は現場を明るくします。私は生花にこだわりました。

そして、放送開始から42年を迎えた名物番組「徹子の部屋」も、放送第1回から伴走しています。徹子さんと同じ年数を経験しているスタッフは、もう私だけになってしまいましたけれど、これまで生けた花は一度として同じ姿はなく、すべて私の宝物です。

02

「番組の第二のゲストは花です」徹子さんの言葉に奮起

今ではすっかり〝徹子さんとゲストの間〟というのが、飾り花の定位置としておなじみになりましたが、番組が始まった当初はきちんと決まっていませんでした。

放送第1回のゲスト、森繁久彌さんをお迎えした時に選んだのは、黄色いチューリップ。花瓶に生けた生花をテーブルの手前に飾りつつ、お二人が座る椅子の後方にあるカウンターの上にも造花を飾る。このスタイルで10回ほどやってみましたが、どこかしっくりこない。

番組放送後の反省会では、「手前のテーブル装花はちょっともの足りないね。後ろの造花も思ったよりも映えないなぁ」という話に。花を飾るためのテーブルをもう一つ追加して、徹子さんとゲストが向き合う間の〝画面の真ん中〟に大きく飾ってみましょうということになりました。

思い切った変更でしたが、なかなかいいと好評。ゲストも喜んでくださいました。そのスタイルが続き、気づけば40年以上経っていたというわけです。

今でこそ、テレビ画面はキラキラとした電子装飾や、CGでいくらでも賑やかに演出できますが、40年前はそんな技術はありません。

画面を飾るものといえば、花。花こそが、まさに演出の華でした。

白黒テレビの時代には造花に頼ることが普通でしたが、メインの飾りには絶対に生花を使うのが私のこだわり。生き物ならではの苦労はつきませんが、「きれいですね」の一言が嬉しくて、独自の工夫と技術を重ねてきました。

「花で飾る」という演出が最近のテレビ番組ではほとんど見られないのは少し淋しくはありますが、そのスタイルが「徹子の部屋」という長寿番組によってずっと変わらず守られてきたことは誇りでもあり、私の喜び。

40年前と変わらぬ気持ちで、今日も花を生けられるなんて、私はなんて幸せ者なのでしょう！

私が自分の仕事に自信を持てた大きな転機が一つあります。

「徹子の部屋」の放送が始まって5～6年経った頃だったと思います。徹子さんが雑誌か何かのインタビューで番組のことをお話しになった時に、花についても話題を向けられたことがありました。その時、徹子さんがこんなふうにおっしゃったのです。

「花は第二のゲストです」

それほどの価値を感じてくださっているということに、私は胸が震えるほどの感動を覚えました。

徹子さんのエールに奮い立ち、ますます張り切って花を飾るようになりました。

第　1　章　　「徹子の部屋」の花しごと

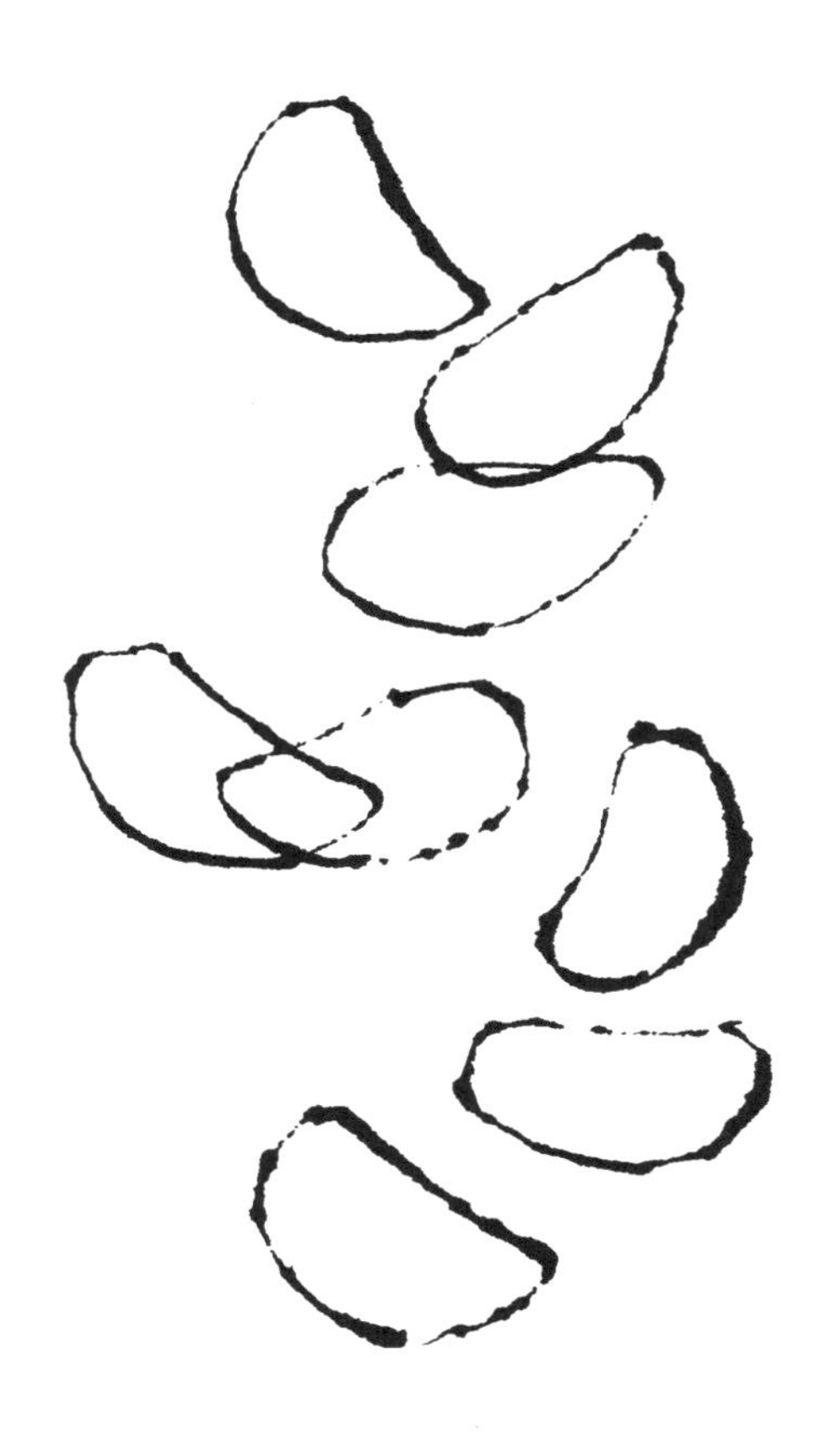

03

同じ季節、同じ花でも その輝きはたった一度だけのもの

２０１５年５月に放送１万回を迎えた「徹子の部屋」。この番組の仕事だけでも、私がこれまで生けた花は１万を超えるということになります。

同じゲストを迎えても、同じ生け方はしません。その時、その人の輝き方にふさわしい花を選び、組み合わせや配置を決めるのが、私の腕の見せどころ。

たとえ同じ花を選んだとしても、花は生き物。ちょっと角度を変えるだけで表情を変えて、新鮮な魅力を見せてくれるのです。

人もおんなじ。同じ人でも、今日と明日、明後日で周囲に放つ魅力はきっと違うはず。

毎日、毎日、口にする言葉や振る舞いで、周囲に与えるパワーは変わる。どんな花も、どんな人も、今日の輝きは今日だけのもの。

だからいつも、私は笑っていたい。笑顔に休みなし！　なのです。

04

1万枚を超える花写真のアルバムは抱きしめたくなるほどの宝物

「徹子の部屋」で飾った花の記録は、１９７６年2月2日の放送回からずっと欠かさず写真に撮って、アルバムに保管しています。

いつ、誰をゲストに迎えた時に、どんな花を生けたのか。番組の公式カメラマンが撮影した、椅子にかけた徹子さんとゲスト、そしてお二人の間の花の〝スリーショット〟の写真をファイルしたアルバムは私の仕事歴の記録であり、大切な宝物です。

単に思い出として保管しているのではなく、決して同じ生け方をしない作品の姿形を記録しておき、また同じゲストを迎えた時や「10年前のお正月にはどんな生け方をしたかしら」と照合したい時の資料として貴重です。

アルバムは見返すことが多いのでいつも手の届く場所においてあります。

05

週に一度は市場へ花の買い付けに 私は開設当初からの〝常連〟よ

いつもフレッシュなものを用意する「消えもの部」の仕事は、朝から晩まで毎日大忙しです。

私はフリーの立場で他局も含めていろんな番組の消えものを担当していますが、中でも多くの時間を割くのがやっぱり「徹子の部屋」です。

毎週月曜と火曜が収録日で、1日3～4本をまとめて録るのが恒例に。収録の前週の木曜日にゲストのリストが来るので、「あの方にはどんな花がいいかな。今の時期ならあの花があるけれど、放送のタイミングと合うかしら」とイメージをなんとなく練ってから、金曜日に生花市場へ向かいます。

私が花を調達するのは、〝花のプロ〟が集まる大田市場。神田や大森など、都内に点在していた青果・水産・花卉（かき）（観賞用の植物全般のこと）の市場を統合して、平成元年に開設された広大な市場です。私はもちろん、開設当初からの〝常連〟ですよ。

スタッフと待ち合わせてボックスカーに乗り込んで、朝8時には市場に到着。活気のある場内に入ると、競り下ろされたばかりのフレッシュな花々を見て回ります。

一週間前とはまた違った顔触れの旬の花々に、季節の移ろいを感じながら、きれいな色と花の香りに包まれて……。なんて優雅に過ごせる余裕は残念ながらほとんどなく、端から端まで目を光らせながら歩いて回ります。

「あのゲストのために生けたいあの花はあるかしら」「あ！　この枝物、形がいいし、たくさんつぼみが付いているわ」「1ヶ月後の放送日に合わせて、季節感を伝えるには…」

頭の中にインプットしているイメージスケッチを思い描きながら、100メートルほど軒を連ねる仲卸店の花を端から端まで見て回ります。

すれ違うのは、街の花屋さんや教室の先生方など。皆さん、少しでも安くきれいな花を求めようと真剣です。そう、お金の勘定も頭をクルクルと使いますね。

先代から顔なじみの花屋さんもたくさん。「社長！　元気？」と声をかけながらご挨拶。頑張って仕入れてもらった花をどんなふうに生けて喜んでもらえたか、スマートフォンで撮った写真を見せて感謝を伝えるのも大事です。そうすると、「嬉しいなぁ。またいつでも言ってよ！」「はい、頼みますよ！」という付き合いが続くでしょ。喜びのおすそ分けは惜しみなく。ある店の軒先では、私が差し上げた水槽にウーパールーパーが大きく育って、看板娘（？）として出迎えてくれます。

それから、「あの花、いつ頃入りそう？」といった情報収集も欠かしません。特にクリスマスやお正月の番組のために用意する花は〝いつ仕入れられるか〟の見極めが重要ですから。

ゲストと観る人を喜ばせる花を集めるために、毎週毎週市場に通う手間は絶対に惜しみたくありません。

通い慣れた大田市場にて。花に負けないフレッシュな笑顔を絶やさずに!

06

仕入れた花は自慢のキーパーで保管
長年の実績が与えてくれた
〝特等席〟です

収録7本分の花を買い揃えたら、よいしょとワゴン車に乗せて局に向かい、すぐさま葉や茎の処理をします。

私の到着に合わせて待機していたアシスタントスタッフ4～5名で、一心不乱に、余分な葉を手で取り除いたり、ハサミで茎の端を切ったり。30分ほどかけて保管のための処理をします。花の種類ごとにまとめて、新鮮な水につけ、温度と湿度を保つ保管ケースに入れたら準備完了。週末の時間を使って花を一番いい状態に咲かせて収録に臨みます。

この〝咲かせる技術〟が、長年の経験がものをいうところ。

まだつぼみの状態から一気に咲かせなければいけない時は、つぼみを濡れたペーパーで包み、さらにビニール袋をかぶせて湿度を高く保った状態で保管。外の気温が高い時はキーパーから出し、外気が肌寒くなったらキーパーに戻したりと、細かい調整をしています。

「なかなかいい感じに咲いている。でも、あともう少し咲けばベスト！」という時には、茎の断面をバーナーで焼くことも。こうすると、花が一生懸命水を吸おうとして、開花の進みが早まるのです。長年の経験で培った独自のワザですね。

このキーパーがある場所ですが、テレビ朝日のメインスタジオの入り口から十数メートルほどの距離の〝特等席〟です。スタジオと近く、すぐに出し入れできる距離に配置していただいています。

私たちが普段、事務仕事をする「消えもの部」の専用スタッフルームも、スタジオと同じ地下フロアにあります。入り口に入ってすぐには、食材を保管できる大きな冷蔵庫と調理台。奥に、発注業務や記録、資料管理をするための事務室も作ってもらっています。急な番組変更にもいつでも対応できるように、生放送の

「モーニングショー」の始まりとともに鍵を開け、夜の「報道ステーション」が終わるまで、常時誰かが控えています。

さらに、「徹子の部屋」を収録している別館のスタジオには、広々とした調理室も。花器や食器を置く専用の保管室も備えてもらっています。

出演者に気持ちよく番組づくりをしてもらえるように、視聴者により楽しんでもらえるようにと、〝花や食べ物の価値〟を自分の仕事で証明しながら、必要な居場所をいただいてきたご褒美かな、なんてね。今では、どの局よりもクリーンで充実している消えもの部の設備が、テレビ朝日の自慢にもなっています。

自分の頑張り次第で〝特等席〟はつくれるのだということを、若い人たちにも伝えられると嬉しいですね。

市場で仕入れた花は、美しさをキープしタイミングよく咲かせるための処理をします。

07

プランよりも優先するのは、その時のひらめきやイマジネーション

私を手伝ってくれているスタッフいわく、「石橋さんは花を生けるのが速い！すごく思い切りがいい」のだそうです。

たしかに、「徹子の部屋」で飾る大振りの花を1セット生けるのにかける時間は、だいたい15～20分ほど。黙々と難しい顔をして生けるのは性に合わないので、リラックスして生けています。途中で話しかけられても全然平気です。

アレンジは大方イメージしていますが、計画にとらわれ過ぎると面白くなくなっちゃう。実際に生けてみて「こっちのほうがいい」と思ったらどんどん予定を変更します。最終的には「あら、こんなになっちゃった！」とプランとは大きく

変わることもざらです。

でも、それでいいのです。予定はあくまで予定で、もっと大事なのはその時の感性。ひらめきやイマジネーションを自由に広げることが、自分の可能性も広げてくれます。

08

花びら一枚落とさない
これは絶対に譲れません

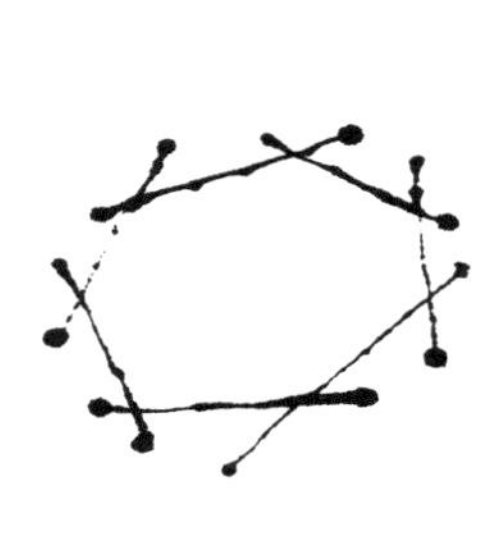

生けた花の花びらが落ちるとか、重なり合っていた花が動いて形が崩れるといったことはあまり縁起がいいものではありません。

「徹子の部屋」の収録中にそのようなことがあったら、私の責任問題になるというくらいの気持ちでいます。

女優の山本陽子さんは、「徹子の部屋」に出演する時はいつも、新しい着物のしつけ糸を、その日の朝にといていらっしゃるのだとか。他にも、この番組を特別に感じ、「出演を目標にしてきた」と緊張してお越しになる方も多くいます。そんな特別な番組ですから、私もそれだけの気持ちでゲストをお迎えしないといけないと思うのです。

幸い、これまで42年間、番組の放送を続けてきた中では、花びら1枚落ちたことはありません。徹子さんもそれをよくご存知で、何かの時に「そういったことは一度もないのよ」とお話しくださっているのを聞きました。

新鮮でしっかりと花が茎や枝についている花材を選び、花同士がぶつかり合わないように生け、土台もきちんと固定する。そういった基本の動作を大切にしながら、仕事の品質を保つようにしています。

ゲストや徹子さんに失礼なことをしてはいけないという思いからだけではありませんよ。毎日の花を楽しみにしてくださっている視聴者の皆さんの期待も裏切りたくありません。

最近は、病室も花を飾れないところが増えていると聞きます。ご家族と離れて暮らす施設のランチタイムに、チャンネルを回しているという方もいるでしょう。

そんな皆さんの心を一瞬で明るくするような元気な花々を、私は毎日欠かさず届けていきたいのです。

09

ピンチも乗り切る連携パワー
頼り頼られの楽しいチームワーク

時に現場で他の制作スタッフに助けられることもあります。

歌手の加藤登紀子さんをお迎えする時に用意していたのは決まって赤い薔薇。もちろん、代表曲の「百万本のバラ」にちなんでのことです。

でも、さすがにいつもいつも赤い薔薇だと変化がないと思い、ちょっとした〝変化球〟としてピンクの薔薇を用意したことがありました。

ところが、収録当日になって急遽、曲が流れる演出が入ることになって「赤い薔薇はある?」と制作サイドからの打診が。

さて困った。ピンクしかありません。「だったら、いいよ。ピンクのままでいきましょう」とは言われましたが、うーん、やっぱり、赤でしょう！

　そこで機転を利かせてくれたのが美術チーム。曲が流れている間は赤い照明を花に当てることで、情熱的な赤い薔薇を思わせる見た目に瞬間チェンジしてくれたのです。ありがたかった！　チームワークは宝です。

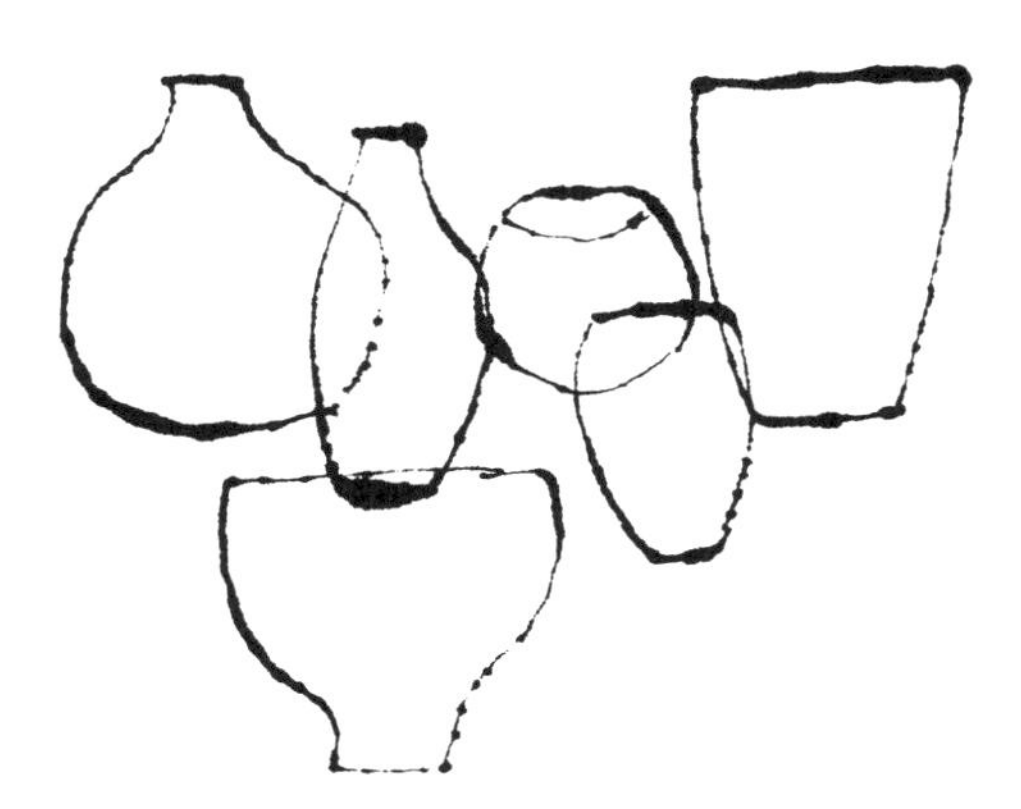

10

人のために花を飾る喜び
時には驚きの〝石橋ミラクル〟も

「徹子の部屋」がその日のゲストに合わせて日替わりのフラワーアレンジメントを飾ることは、番組の定番としてすっかり定着しました。ゲストの中には、「私の回にはどんな花を飾ってくれるのかな？」と楽しみにして下さる方もいるようです。ゲストの名前から最近の出演作や話題をざっと調べて、花のイメージを作っていく時間は、あぁ楽し。自分のためではなく、人のために生ける。それだけで花の楽しみは広がるんです。

事前のディレクターとの打ち合わせで「好きな色」を教えてくださる方もいましたけれど、最近は私の評判を聞いて、むしろ何も伝えずにどんな花が飾られるのか、当日のお楽しみにして下さる方が多くなりました。

というのは、これまで何度も私もビックリの〝石橋ミラクル〟が起きたのです。

例えば、美輪明宏さんがご登場になった時には、美輪さんが着てこられた衣装と私が飾った花がまったく同じ色で揃ったというサプライズが。しかも、縞模様の色順まで同じでした。美輪さんも「あなた、オーラが見えるんじゃないの？」なんて驚いていました。衣装の情報なんて事前に知らされないのに、不思議なことが起きるものですね。

こんなこともありました。女優の高峰秀子さんがいらっしゃった時、放送がお正月だったので私は南天の花を用意しました。赤い実と枝がきれいに付いたものを揃え、あえて南天だけでアレンジしました。するとまた偶然にも、高峰さんのお召し物もきれいな南天のお着物！「母親から譲り受けた大切な着物を着てきました」とおっしゃっていました。なんともいえないご縁の一致に、鳥肌が立ちました。

人を想い、生けた花が、その人にきれいに重なる。そんなミラクルは本当にあるんです。

11

曲名もお嬢さんの名前まで……！忘れられない葉加瀬太郎さんのミラクル

花が引き寄せる〝石橋ミラクル〟の中でも印象的だったゲストが、葉加瀬太郎さんです。

季節が夏だったこともあり、葉加瀬さんのお人柄が放つ陽気な明るさや開放的な雰囲気を花でも表現したくて、私はたまたま花市場で目にしたヒマワリを選んで生けて飾っておいたのです。（巻頭カラー8ページ）

この日の収録では葉加瀬さんが特別に1曲演奏することになっていたのですが、曲名までは聞かされていませんでした。

するとなんとビックリ！　曲名は「ひまわり」。ＮＨＫ連続テレビ小説「てっぱん」の主題歌にもなっていた名曲を演奏されたのです。

これだけでも偶然の一致に驚くのですが、さらに、葉加瀬さんのお嬢さんのお名前が「向日葵（ひまり）」というではありませんか。

これには徹子さんもビックリされていました。

本当に不思議ですね。私が葉加瀬さんをイメージして生けた花と、葉加瀬さんが生み出した曲やお子さんのお名前が一致するなんて。

生けたヒマワリは全部束ねて「お嬢さんにお渡しください」と贈らせていただきました。

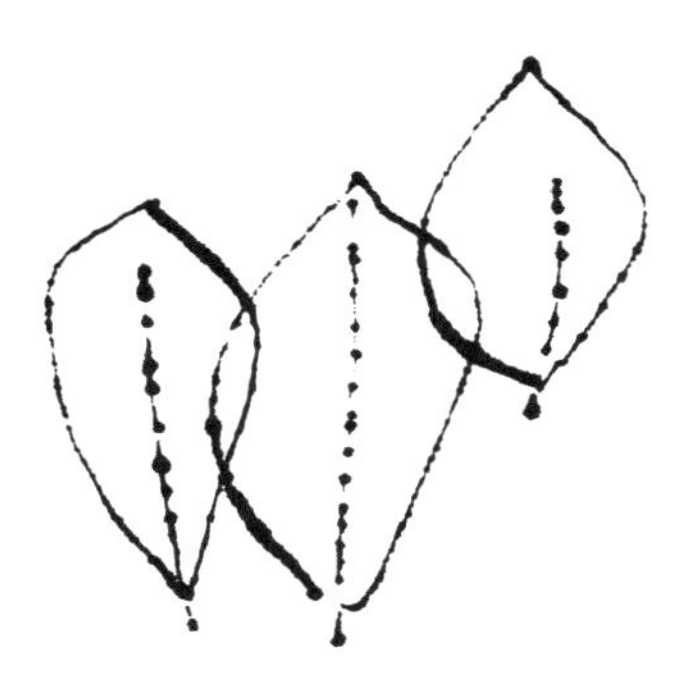

12

ネットなし、情報不足の時代にあった たった一度だけの〝差し替え〟

事前にゲストが誰かを調べて、その人の最近の出演作や近況からイメージを膨らませて飾る花を決めるのが長年続けている私のスタイル。

当日の衣装についてはいつも聞かされていませんが、なぜか衣装の色と花の色がピタリと合ってしまう〝石橋ミラクル〟が度々起きる。

では、逆に、まったく合わずにやり直したことはあったのかどうか。

実は、放送開始から何年も経っていない初期の頃に、たった一度だけあったのです。

それほど目立った活動をされていなかったある女優さんを迎えた時、私はその方のお名前を聞いてもどんな方か分からず、芸名の雰囲気から楚々とした純和風の女性だろうと想像したのです（インターネット検索などできるはずもない時代のことです）。

ところが、収録当日に控え室でチラリと拝見したその方は、とっても華やかな出で立ち。慌てて、その日の他の収録のために準備していた花材を使ってガラリと生け直しました。

花をそっくり生け直したのは、後にも先にもこの時だけです。

今はインターネットで検索すれば大抵の方の情報は入手できるので、こういう心配はなくなりましたが、それでもイメージをつかみにくい方はたまにいます。

そんな時は、「男性ゲストの場合は花はおとなしめの色味で、女性ゲストなら花は華やかに」という王道ルールに則って。その理由は徹子さんの衣装にあります。

スーツなどクールな衣装が多い男性ゲストを迎える時には徹子さんの衣装は華やかになり、逆に華やかな装いの女性ゲストをお迎えする時には控えめに抑えられる傾向があるからです。このバランスが保たれるだけで、画面はしっくりと落ち着くということは、長年の経験からの教えです。

13

遊び心を花々に散らして
エンターテイナーの心を大切に

「こんなことをしたら驚くかしら？　きっと喜んでもらえそう！」

楽しいアイディアが思いついたら、実行せずにはいられません。

「徹子の部屋」にお越しになるゲストの皆さんは、自分の回にどんな花が生けられるかも楽しみにしていらっしゃいます。そのご期待に応えるために、意外な〝仕掛け〟を用意して楽しませたくなる時がよくあるのです。

例を挙げれば枚挙に暇がありませんが、風刺の効いたモノマネが最高のザ・ニュースペーパーの皆さんがいらっしゃる時には、ニュースペーパー（新聞）とかけて花の中に新聞紙で作った花を混ぜました。「今日のゲストはベジタリアンです」

と聞けば、野菜を生けたこともありました。

アメリカ人歌手のレディー・ガガさんがいらした時には、彼女のインパクトに負けないくらいの奇抜さを花でも狙いました。さかなクンがゲストの時には、海をイメージし、青をベースにした花々に熱帯魚のフィギュアを組み合わせて、喜んでいただけました。

ご本人の〝見た目〟と花を近づけることもあります。

ブルゾンちえみさんの回では、ご本人の衣装にちなんだモノトーンを基調に、リップカラーとお揃いの深いボルドー色の花をポイントに。

内田裕也さんの回では、特徴的なヘアスタイルを模して、豊かな銀白色の花穂のあるパンパスグラスという花を生けました。

私が大好きな漫談師、綾小路きみまろさんの回では、恒例の衣装に合わせて花も赤と黄色で。ご本人がとっても気に入ってくださって記念撮影までしてくださいました。私はまさに〝きみまろ節〟のストライク世代なので、番組で漫談を披露していただく時には必ず最前列で聞かせていただき、大笑いしています。

14

花はゲストの内面を表す!?楽しみにしてもらえることが嬉しくて

お笑いタレントの千原ジュニアさんが、あるバラエティ番組で「徹子の部屋」に出演した時のエピソードとして、私が生けた花について楽しげに語ってくださったそうです。

千原さんを迎えた徹子さんが「あなたはすごく柔らかい部分と尖っている部分の両方があると思われているのね」とおっしゃった理由を尋ねた千原さん。

徹子さんが「この番組の花を用意する専門家は、毎回のゲストをイメージして花を生けるのよ。だから、ゲストに合わせて花の雰囲気も全然違ってくるの。私もいつも楽しみなのよ」と答えたのだとお話しされていました。

たしか、あの時に生けたのは、ストレチア、ネコヤナギ、オレンジの薔薇、ピンクッション、白いストック、グリーンの飾り切りしたフェニックス。舌峰鋭いツッコミをバシッと決めつつも屈託のない笑顔を浮かべている姿をテレビでよく拝見しますので、そのイメージで生けました。

自分をイメージして準備された花、というのがよほど印象的で気に入っていただいたようで、千原さんは収録後に花をご自身で撮影して、スマートフォンの待ち受け画面にもしていただいたのだとか。

同じように、「花と一緒に」と記念撮影してくださるゲストは多く、「記念に持ち帰りたい」とおっしゃる方も珍しくありません。もちろん、「仕事冥利に尽きる！」と喜んで花束にして差し上げます。中には、年賀状用の写真として使ってくださる方もいました。フランスの名女優、カトリーヌ・ドヌーヴさんも花を気に入ってくださって、ご宿泊先のホテルの部屋までお届けしたんですよ。

誰かのためだけに花を生けて、その花をご本人も喜んでいただけた。そんな時、私は「この仕事をやっていてよかった！」と思えますし、花たちもきっと喜んでいることでしょう。

15

好きと聞けばもちろん揃えます
桃井かおりさんには〝かすみ草〟を

番組制作のご縁がきっかけで、古くからお付き合いさせていただいている女優さんの一人が桃井かおりさんです。

１９７９年に放送された倉本聰さん脚本のドラマ「祭が終わったとき」では、桃井さんは場末の踊り子からスターの階段を登る女性を演じ、〝日本版マリリン・モンロー〟と呼ばれるブームとなりました。その時の食事シーンを担当したのが私。かおりさんは私の料理を楽しみにしてくれて、「お姉ちゃん、お姉ちゃん、今日はどんなご飯を作ってくれるの?」と聞いてくるのです。

今でも、「徹子の部屋」に出演される時には、「お姉ちゃん、いる?」と声をかけてくれます。

昔からかおりさんは私が用意するものを喜んでくれて、出した料理も「美味しい」と言って食べてくれました。森光子さんもよく褒めてくださいました。その言葉が嬉しくて「次も美味しく食べてもらえるように頑張らなくちゃ」とやっていたら、「テレビ朝日の食事は美味しいらしい」と評判に。いつの間にか、私の〝仕事の基準〟ができあがっていったのです。

そんなかおりさんが好きな花は「かすみ草」だと聞いていたので、「徹子の部屋」に出演された時にはもちろん張り切って用意しました。かすみ草に合わせて、花器も白を選んで、清らかで洗練された雰囲気に仕上げました。

また、女優の名取裕子さんが「カサブランカが好き」と聞けば、やはりカサブランカを。「用意してください」と向こうから言われなくても、好きだと知れば何が何でも生けたくなる。それが私の性分なのです。

16

大スターから一輪の花の贈り物 “一流の粋”に触れた思い出

出演される方々も特別な思いでいらっしゃる「徹子の部屋」の収録現場は、いい意味での緊張感が漂っています。ゲストの雰囲気にぴったりで、ご本人からも喜んでいただける花を用意できた時は、とっても嬉しくて口元がほころびます。

裏方の私が前にしゃしゃり出ることはないのですが、私に直接「素敵な花をありがとう」と言ってくださるゲストもいらっしゃいました。

特に思い出深いのは高倉健さん。

高倉さんの好きな花が「都忘れ」であると聞き、収録に間に合うように頑張って探して房総まで調達しに行って生けました。せっかくなので花束にして収録後にお渡ししたところ、高倉さんは花束から1本抜いて「ありがとう」と私に差し出して下さいました。

なんて粋で素敵な振る舞いでしょう！　ますますファンになりました。

その後、たまたま私が取材を受けるテレビ番組が企画された時、高倉さんは「あの時はありがとう」と手紙までくださったのです。今でも大切にしまっています。

この番組で私ができる役割はたった一つ。花を生けること。でも、そのたった一つのことに思いを込めて取り組めば、必ず相手に伝わるのだと信じています。

その思いは徹子さんも敏感に受け取ってくださいます。秋野暢子さんがいらした日、ご本人の雰囲気にもピッタリの「ヨウコ」という名前の薔薇を生けた時には、「まぁ、素敵。今日は花のアップから番組を始めましょう」と言ってくださいました。

花を通じて、思いを伝えて、思いを返す。こんなやりとりの一つひとつが宝物です。

17

桜がなくとも咲かせてみせる 花咲か娘（？）、ここにあり

２０１８年春に公開された吉永小百合さん主演の映画「北の桜守」。映画の告知にピッタリの時期に放送できるよう、吉永さんをゲストに迎えての「徹子の部屋」の収録は前もって２月に行われました。

普通、２月の初めに桜の花は咲きません。でも、それを理由に諦めるわけにはいかないぞ！　と燃えるのが私です。

私は市場に頼んで、早めに出回る啓翁桜を入荷してもらいました。そして、桜のつぼみを湿らせた新聞紙で包んでさらにビニールで覆い、局所的な〝温室〟状態に。毎日、気温とつぼみの状態を注意深く観察しながら、収録日にベストな状

態で開花するようにと。すべて独自のワザです。

そして、見事に咲かせました。吉永さんも喜んでくださって大満足。「咲かせられる？」と聞かれたら、「もっちろんよ！」と返したくなるのが私です。花咲か娘、ここにあり！

18

本番が始まる前の緊張感が好き
仕事は笑顔でテキパキと！

「徹子の部屋」の収録は、毎週月曜日と火曜日。午前中から準備を始めて、夕方までみっちりと、1日に3〜4組のゲストを迎えての収録が続きます。

収録とはいえ、生放送に近いスタイルで収録しているので、NGは許されません。スタジオはいつもピリッとした緊張感に包まれています。

私が担当する「消えもの」は花と飲み物。花はあらかじめ準備している花材を持ってきて、スタジオの脇で集中して生けます。

同時に、前週の金曜日までに送られてくる「ゲストの飲み物リクエスト」の通りに、ドリンクを準備。もちろん、味にはこだわりますよ。

味だけでなく、間違ってはいけないのは飲み物を出すタイミング。

例えば、「ゲストがテーブルを使って手品を披露する」といったイレギュラーな演出がある場合には、通常どおりテーブルの上に飲み物を置くことはできませんから、「CM中」の時間に、サッとお出しして喉を潤していただくことになります。

収録日の朝に配られるタイムスケジュールとにらめっこしながら、一番美味しい温度や濃度でゲストに飲み物を楽しんでいただけるよう、逆算して用意するのです。

スタジオの隅っこに、クーラーボックスやポットを持ち込んで、時には急なリクエスト変更にも対応したりと、結構やっていることは緻密な作業なんですよ。

でも、だからこそ大事にしたいのは明るい笑顔！

仕事はテキパキ、しっかりと。楽しくしなくちゃね。

19

徹子さん特製のビスケットケーキレシピを紹介します

「徹子の部屋」ではゲストの要望やイベントに合わせて、特別な食べ物を用意することもあります。

例えば、徹子さん特製の「ビスケットケーキ」。番組で再現するために、私もレシピを習いました。せっかくなので紹介しましょう。

メインの材料は、森永製菓の「マリー」のビスケット（徹子さんいわく、これでないとダメなのだそうです）。ビスケットを1枚ずつ牛乳に浸して（表面をちょっとだけ。グニャグニャになるまで浸すと失敗します）、ビスケットを重ねていきます。

ビスケット同士を1枚1枚くっつけていって、ロールケーキのように長くなったら、周りを生クリームかチョコレートクリームで覆って、飾ります。そのまま、ふんわりとラップをかけて一晩冷蔵庫で冷やすだけ。

これだけで、しっとりとした食感の美味しいケーキが完成するんです。とっても簡単ですから、ぜひお試しを。

伝説の歌番組「ベストテン」でも度々ゲストに振舞っていたこの〝徹子ケーキ〟を覚えているゲストもいて、元サッカー選手の中山雅史さんも「あのケーキが食べてみたい」とリクエストをくださいました。

もちろん、用意をしておいしく召し上がっていただきました。

その時だったか、奥様の生田智子さんのご出演の時だったか、花はサッカーボールをイメージして白をベースに黒のアクセントでアレンジもしましたっけ。

目でも舌でも楽しんでいただきたくて、ついつい張り切ってしまうのです。

20

あの俳優さんが毎回リクエストする最高級のメロンジュース

消えもの部の役割は花と食べ物。「徹子の部屋」ではゲストと徹子さんが口にする飲み物も用意します。

飲み物の希望は事前にゲストにヒアリングして、お好みのものを準備。コーヒー、紅茶、生搾りのフルーツジュース…何でもござれ。温度もホットがいいのか、アイスがいいのか、常温か、必ず伺います。気持ちよくお話していただくために、飲み物はとても大事だと思っています。

器もひと通り取り揃えていて、専用の小部屋にしまっているほどの量がありま す。一つの番組だけのためにこれだけ器を揃えているというのも、他にないでしょうね。

印象的だったのは、中井貴一さん。お母様の教育方針でメロンは戴き物でしか食べたことがなかったそうで、メロンジュースのリクエストをいただきました。ならばと私は最高級のメロンを買ってフレッシュメロンジュースを作り、カットしたメロンもグラスに飾ってお出ししました。中井さんの嬉しそうなお顔ったら！　以来、ご出演のたびにメロンジュースをオーダーされるのが定番となりました。

徹子さんは実は酸っぱいものに弱くて、充分に甘くしたつもりのスムージーでも、一口飲むとプルプルッと体を震わせるのです。そのプルプルッが何とも可愛らしいと特集が組まれたこともありました。

また、カップを持ち上げた時に指に触れる持ち手が熱くならないよう、ホットの飲み物でも徹子さんのカップには氷を一つ、入れるようにしています。ご本人にわざわざ言ったこともないですし、気づいているかどうか分かりませんけれど（笑）。

見えないところでもできる工夫、探せばいろいろと見つかるものなんです。

21

「徹子の部屋」で飲んだコーヒーが一番！評判が仕事をますます磨いてくれる

『徹子の部屋』で飲んだアイスコーヒーが、今まで飲んだアイスコーヒーの中で一番美味しかった」とわざわざご自分の本に書いてくださった方がいます。元プロボクサーの具志堅用高さんです。

そこまで褒められちゃ、ますます手は抜けません。

私の仕事はあくまで裏方ですから、評価を期待せず自分ができる最高のものを差し出すのが役目だと思っています。たまにこんなふうに褒めていただくことがあると、「この評判を落とさないように、より一層頑張らなくちゃね！」と身が引き締まる思いがするのです。

さて、具志堅さんにそこまで言っていただいたアイスコーヒーですが、すごく珍しい豆を使ったわけでもありません。ホットコーヒーでもアイスコーヒーでもなく、氷の入ったグラスに普通の熱いコーヒーを注いで作ったホット・アイスコーヒーです。

味見は必ず。少しでも「ん？」と思ったら迷わずやり直します。

裏話を明かすと、一番苦労するのはリンゴジュース。中井貴一さんのメロンジュース然り、「徹子の部屋」ではフルーツジュースはフレッシュと決めています。ゲストの方もそれをご存知で、期待していらっしゃる方も多いのです。

でも、ごめんなさい。リンゴジュースだけはどうしても色が変わってしまうので、搾ってお出しすることができないの。塩を入れると少しは防げるのですが、それだと不味くなってしまうのでダメ。いろいろやってみましたが、どうしてもフレッシュは難しいということで、リンゴジュースだけは市販のものを買ってきています。

市販の中でも粒感豊かで、香りが保たれる瓶入りのものを選んで、カットしたリンゴを添えています。「充分です」といわれますが…、ああ、悔しい！

22

徹子さんから見習いたいさりげない気遣いと飽くなき好奇心

「徹子の部屋」という番組を通じて、黒柳徹子さんという素晴らしい女性の魅力に間近で触れさせていただけている私は、本当にラッキー！　大変な幸せ者ですし、ご縁に感謝としかいいようがありません。

徹子さんの魅力を挙げるとキリがなく、私がわざわざ申し上げなくても、すでに多くの方が証言していらっしゃいますし、世間の方はすでにご存知のことだと思います。

ですので、ここでは私の立場だからこそ伝えられるエピソードをいくつか。

私がいつも素敵だなと感じるのは、「徹子の部屋」にご出演されるゲストに合わせて、同じ飲み物をご希望されること。

例えば同じホットコーヒーでも、その日のゲストが「ミルクなし」であれば徹子さんも「ミルクなし」。また別の日のゲストが「ミルクあり」なら、徹子さんも「ミルクあり」。

本当はお好みがあるのも私は知っていますが、決して「私にはこれを出して」とはおっしゃいません。きっと、ゲストが徹子さんに気を使うことなく、気持ちよくお話なさるための気遣いなのでしょう。

先日もアイススケートの本田姉妹がいらして、フルーツミックスジュースをお揃いで頼まれた時、普段はグレープフルーツジュース派の徹子さんもゲストに合わせてミックスジュースに。お揃いの飲み物を飲むと、それだけで親近感がわくというか、安心して話せる雰囲気になると考えているのかもしれませんね。

それにきっと、「どんな飲み物がお好みなのかしら?」という徹子さんならではの好奇心もあるのでしょう。時々、本当は苦手な酸味の強いスムージーに口をつけて、プルプルッと震えるのも可愛らしくて、ついつい見たくなってしまいます。

23

番組のイメージはピンク
徹子さんが好きな花は？

普段はゲストに合わせて生けていますが、年に一度のコンサート企画や周年企画の時などは、番組のイメージをメインに据えて花を生けることもあります。

その時に中心になる色はやはりピンク。徹子さんが大好きな色であり、番組の雰囲気を象徴する華やかで優しい色だからです。

そしてこのピンクという色の花は、生ける立場からしてもとてもありがたい存在。年中どの季節でも種類が豊富で、濃淡と形のバリエーションが充実。例えばピンクの薔薇だけで生けても、赤ほど強過ぎず、飽きのこないのがいいのです。

徹子さんがピンクが好きな方でよかった！　なんてホッとしています。

ちなみに、徹子さんが好きな花はアネモネやラナンキュラス、クリスマスローズなど。これらの花を市場で見つけると迷わず買っておき、使うようにしています。

花はゲストと視聴者を楽しませるもの、と徹子さんは思っていらっしゃるかもしれませんが、番組を支え続けるホストである徹子さんにも私は喜んでもらいたい。

好きな花が目の前にある日の徹子さんは、心なしかいつもより嬉しそうですし、「これ、持って帰って、家に飾ってもいい？」とおっしゃる時もよくあります。

そのお顔が見たくて、またアネモネを生けたくなってしまうのです。

24

直接の声は聞けないけれど全国のお茶の間に花を届ける仕事に誇り

テレビの画面に花を飾るということは、それを全国のお茶の間に届けるということ。

ご覧になっている方々からのご感想が耳に入ってくる機会というのはなかなかありませんが、私にとっては大きな励み。

「目には見えないけれど、日本中のたくさんの方々に、季節の花をお届けしている」という気持ちで毎日張り切って花を飾っています。

花には人の気持ちを癒やし、元気にする力があります。そして、忙しい日常の中で忘れがちになる〝季節〟を感じるきっかけをもたらすのも花。

私がテレビで飾る花を見てくださるだけで、「そろそろ春が来るな」「この色、きれいね。元気が出るわ」と少しでも感じていただけるなら、花仕事に携わる者として冥利に尽きます。

番組にいらっしゃるゲストの中には、つらい病気と闘っていらっしゃる最中だったり、ご家族を亡くされたばかりだったりと、いろんなご事情を抱えている方もいます。側に生ける花の力で、ちょっとでも元気になっていただけるといいなと、スタジオ裏でせっせと花を挿すのです。つい力が入ってド派手になると、徹子さんから「今日はずいぶんと華やかね！　あなた、今日のゲストのファンなんでしょ」とからかわれることも。

時々ですが、視聴者の方から「今日の『徹子の部屋』に飾られていた花の名前は何ですか？」とお電話でお問い合わせをいただくこともあります。

そんな時にはすぐにお伝えできるよう、生けた花の名前はすべて専用ノートに毎日記録しています。

この道一筋50余年。花や食べ物など、
番組が終われば消えてなくなるものたちを
準備するのが私の仕事。
それを続けたからこそ見えてきた大切なこと。
大きな花束みたいなご褒美についてご紹介しましょう。

第2章

Chapter.2

「消えもの」人生ここにあり

25

「テレ朝に出演するとご飯が美味しい」いつのまにか口コミで評判に

テレビ朝日の開局とほぼ同時に花の仕事を始めて、いつの間にか料理の用意まで任されるようになった私。

「テレビに映るだけなんだから、味はそこそこでいいんだよ」という声もありましたが、「食べる演技をする時に食べ物が美味しくなくちゃあ、台詞も気持ちよく出てこないでしょうよ」というのが私の考え。誰に言われたわけではないですが、とにかく美味しく食べてもらえるように、温かいものは温かく、冷たいものは冷たくと、できる限り味にこだわってきました。

今のように料理のレシピ本が売られているような時代ではありませんでしたか

ら、参考になるのは私自身の家庭料理の記憶と「舌」というものさしだけ。稼業が料理店で献立の生き字引だった母からの教えがとても生きました。

そのうち、「テレ朝で出てくる食事はうまいらしい」という評判が演者さんの間で流れたそうで、「今日は食事を楽しみにしてきました」とおっしゃってスタジオに入られる方がちらほらと出てきました。そんなことを言われたら、ますます頑張らないと！

普通、本番の収録が終われば、食べかけの食事は処分することになるのですが、「後で全部食べるから、とっておいてね！」と頼まれたり、「お代わりある？」なんて聞かれたり。嬉しくなっちゃうじゃありませんか。

中には桃井かおりさんのように、演技のためには本番前のリハーサルから食べないと気が済まないという人もいますから、多い時で同じ食事を五回作ることも。大変な時もありますが、「美味しかった。ありがとう」なんて言われると、手間の苦労も吹き飛びんでしまうのです。

26

「欽どこ」で
バラエティの料理企画の先駆けも
いつでもとことん力を出し切る

料理といえば忘れられないのが、１９７６年から10年間にわたって放送された萩本欽一さんのバラエティ番組「欽ちゃんのどこまでやるの！」での仕事です。番組の人気コーナーの一つに、好物ばかり用意した5種類の献立をゲストがどの順番で食べていくかを当て合う「推理ドラマ」という企画がありました。この料理を毎回担当していたのが私。

今思えば、料理の好き嫌いや値段を当てるようなバラエティ企画の先駆けでした。料理は視聴者の皆さんにとっても身近で、見ていて楽しいものですし、萩本さんの見事な語りで「推理ドラマ」はたちまち人気に。私も大忙しとなりました。用意する献立はゲストの好物によって毎回変わるのですが、できるだけ家庭的な味を目指します。今の貴乃花親方のお父様が貴ノ花時代に出演した時は、「日本橋の名店『誠』のステーキを食べたい」とおっしゃるので、収録時間に合わせて焼いていただき、お店に取りに行きました。

ドラマに登場する料理の依頼も「消えもの部」に舞い込んできます。テレビ朝日が開局45周年を記念して制作した5時間半にわたる超大作ドラマ「流転の王妃・最後の皇弟」では、東京湾岸に満州国を再現する壮大なセットが組まれました。

晩餐会の食事の用意も大変でしたが、一番苦労したのは当時の満州国の露天商が売っていたお菓子の再現。今のようにネットですぐに調べられない時代でしたから、自力で本を調べて、赤い飴細工のお菓子を作りあげました。

花は花で、「梅を咲かせてほしい」と頼まれたら、どんなに季節外れでもなんとかするしかありません。電車を乗り継いで水戸にある温室まで訪ねてつぼみの状態で持ち帰り、咲かせてから撮影地の中国に出発するロケ隊に渡しました。

この仕事を始めたのは私が最初ですから、師匠や上司と呼べる存在はいません。

だから、「どこまでやればいいの？」と聞いて答えてくれる人もなし。むしろ周りの人は「そこまでやらなくてもいいんじゃない？」と思っていたかもしれません。

でも、いつも心に決めていたのは、「自分自身で納得できるまで、100％やりきること」。テレビの現場は生物なので、せっかく準備したのに1秒も画面に映らなかったなんてこともよくあります。でも、それをいちいち気にしていてはやってられない。

自分なりのベストを尽くせたかどうか。

これを唯一の合格基準に私はやってきました。今できる精一杯の力を出せば、結果はどうあれ、満足できます。何よりとことんやるのは楽しい！　これ、一番大事でしょ。

第　2　章　「消えもの」人生ここにあり

27

歌番組や結婚特番、追悼番組
様々なシーンに寄り添う花を

「徹子の部屋」の花職人、というイメージで私を知ってくださっている方もいるのですが、お声がかかればどこにでも。幅広く、いろいろな番組の装飾に入らせていただいていました。

歌番組では、１９６７年から10年間放送されていた「象印スターものまね大合戦」も思い出深い番組です。当時はまだ造花が主流でした。昔は、ビクター、コロンビア、テイチクといった各レコード会社が自社の歌手を紹介するための番組を持っていて、歌を流す番組が今よりも多かったんですね。

番組の美術全体を統括するデザイナーさんからのオーダーを元に、スターを画

面の後ろから支えて、その魅力を引き立てる花を用意していました。今では長寿番組になった「ミュージックステーション」も、１９８６年に放送を開始した最初の数年間は花を担当していました。

結婚特番などで「お祝いの花を準備してほしい」というオーダーもよくいただきます。最近では、徹子の部屋の40周年スペシャルの放送ではかなり気合を入れて臨みました。ディスクジョッキーの小林克也さんの喜寿のお祝いを放送するという番組では、レコード盤をあしらった特注のケーキを準備して、「77」という風船を飾って賑やかに。喜んでいただけたみたいです。

一方、追悼番組でも故人を偲ぶ花は欠かせません。ありし日を想い、白い花で心を込めて準備します。テレビでは放送されませんが、１９９１年の雲仙・普賢岳の火砕流被害で亡くなったテレビ朝日社員の方を追悼する花も、毎年生けています。総務部から依頼を受けて、局内の部屋に生けるのです。これも私が大事にしたい仕事の一つです。

28

幼稚園がご縁の始まりの貴乃花親方
白い花で白星を担ぎます

1959年から2003年まで、大相撲の本場所期間中に放送されていた深夜番組「大相撲ダイジェスト」の花も担当していました。

相撲部屋の親方をゲストに迎えて、司会のアナウンサーと共に当日の取り組みを解説するこの番組は、特に90年代の若貴ブームの頃に高視聴率を記録していました。

そのブームの火付け役となった貴乃花親方ですが、実は私の娘と幼稚園が一緒だったというご縁でずっとお付き合いが続いています。

小さい頃は、サーカスに連れて行ったり、プールで一緒に遊んだり。相撲の道に入ってからもずっと応援していました。私のことは今でも「おばちゃん」と呼んで慕ってくださるんです。

引退の時に分けていただいた横綱の綱のミニチュアも我が家の飾り棚に。親方のお父様である初代貴ノ花が若い頃の活躍も素晴らしくて、当時は大ファンだったので、なんとも不思議な縁に感謝しています。

その初代貴ノ花が親方時代に「大相撲ダイジェスト」に何度かご出演なさっていたことも、懐かしく思い出されます。

相撲番組で生ける花は〝白〟が基本です。なぜなら〝白星〟を呼び込みたいからです。花でできる縁起かつぎはいくらでも！　わざわざご本人に伝えることでもありませんが、花を通じてエールを送りたいのです。

といっても、白ばかりでは仏花になってしまいますから、少々色味も加えて。そして、親方がお着物でいらっしゃるのに合わせて、和の雰囲気で生けます。どちらかというと洋風のインテリアに合わせた「徹子の部屋」のアレンジとはまた違った雰囲気でした。

29

「題名のない音楽会」に私も出演!? 曲に合わせて舞台でフラワーアレンジ

お茶の間に上質なクラシック音楽を届ける人気番組「題名のない音楽会」は、1964年から放送されている長寿番組。きっとご覧になったことがある方も多いのではないでしょうか。

実はこの番組、わたくしこと、石橋恵三子が〝出演〟したこともあるのです。といっても、ヴァイオリンを弾いたわけではありませんよ。

永六輔さんが代理司会者を務めていた1997年の頃、作曲家の服部克久さんが「エリーゼのために」をアレンジしている間に、私がバックで曲をイメージした花を生けたのです。

音楽と花の芸術のコラボレーション、という粋な演出を心から楽しみ、大満足の作品ができあがりました。

その時に、ホールの裏で撮った記念写真がこちら。私、すっかり花の中心になっていますね（笑）。

私は普段は裏方ですが、舞台に上がるのも大好き！　いつでも拒まず、どんとこいです。

即興で生けた大掛りな作品。花とスタッフに囲まれ、ご満悦な私。

30

6年半続いたNHK「キッチンが走る！」北から南までエミコも走る！

調理補助の仕事はたいていスタジオ内の調理室で準備をすることが多いのですが、2010年から6年半、NHK総合で放送された「キッチンが走る！」は特別でした。

レギュラー出演者の杉浦太陽さんがゲストのシェフと一緒に、キッチンワゴンカーで各地に出かけ、その土地名産のご当地食材を集めて、オリジナル料理を考えるというもの。番組の最後には、地元の生産者や住民の方を招いての料理のお披露目会が開かれ、その調理補助として私は参加していました。

2泊3日のロケが月にだいたい2回。行き先は関東甲信越が中心でしたが、スペシャルで北海道や沖縄にも行きました。その頃には娘たちも成人していましたので、家族も「行ってらっしゃい！」と送り出してくれ、キッチンワゴンと共に私も全国を走り回っていました。

この番組のBS版として放送されたのが、食に興味のある芸能人が地方を旅して地元で活躍するシェフを訪ねる「ぐるっと食の旅　キッチンがゆく」。この番組も楽しく参加させていただいていました。

地方ロケはやりがいのある仕事でしたが、なんといっても難しかったのが洗い場の確保。その他、いつもと勝手が違い戸惑うこともありましたが、そんな苦労話も今やいい思い出。番組が最終回を迎えて、スタッフみんなで乾杯した打ち上げは笑顔、笑顔で溢れていました。

一生懸命仕事をした分だけ、笑顔の思い出は増えるもの。これからも、ニッコリ笑顔で人生を満たしていきたいと思っています。

31

出会いもあれば別れもある すべては最高の「お疲れ様！」のために

私がこの仕事をずっと続けてこれたのは、同じ日が一日としてないという恵まれた仕事だったから。

昨日、今日、明日。出会う人も違えば、一緒につくる番組も違う。特に初期の頃は、番組自体も生放送の一発勝負。テレビを観る人が増えるにつれて、仕事もどんどん広がっていきました。

これは時代の恵みであり、この仕事特有のよさなのかもしれません。ただ、私の中でずっと変わらなかったのは「一緒に働く仲間が好き」という気持ちです。

一つのものをつくるために集まった人たちが、ある一定の時間を共にして、知恵と力を出し合う高揚感がとても好き。

そして、どんなに素晴らしい時間も〝終わり〟がきます。高視聴率で惜しまれるドラマやバラエティ番組も、いつかは「最終回」を迎えるのです。

その時に気持ちよく「お疲れ様！」と言い合える乾杯の瞬間は最高！　私は見た目によらずお酒を一滴も飲めないのですが、人だけで酔えちゃいます。

仕事は打ち込んでいる時だけはなく、終わってからのコミュニケーションがとても大事。「あの時、頑張ったよね」「お互いによくやったよ」という交わし合いが、長く続く信頼を育ててくれるもの。だから、私は子どもが小さい時でもできる限り都合をつけて、仲間が集まる場には顔を出していました。

今日で解散する仲間だけれども、きっとまた一緒に集まれる時が来る。その時にまた同じように笑顔を交し合えるように。いつでも明日に向かって頑張る気持ちを持ち続けていきたいものですね。

32

呼ばれたらどこでも参上!
誰とでもオープンに足どり軽く

いわゆる「ベテラン」と呼ばれる年齢になると、つい腰が重くなったり、踏ん反り返って席に着いたまま過ごす人もいらっしゃるかもしれませんね。

私はというと、その真逆。いつでも呼ばれたら「はいはーい!」と飛んで行っちゃうエミちゃんです。桜の季節には、若い子たちに囲まれて花見も楽しんじゃいます。いくつになっても、仲間とワイワイが楽しいんだからしょうがない。

それに、持ち物の趣味も若者に負けられませんよ。スマホケースも白と黒のボーダーで、大きなリボンがついたもの。髪色はオレンジがかったブラウンで、ピアスは大ぶりのゴールドが定番。人と会う時は必ず口紅を引いて、うっかりポーチに忘れたらコンビニに駆け込むくらい大事。せっかく女に生まれたのだから、オシャレは楽しまなきゃもったいない。

心の身軽さはきっと見た目の若さにもつながるものと思っています。

人から頼まれると張り切るほうで、消えもの部とは別にバラエティの再現ドラマに出演したことも数知れず。特に、「アメトーーク！」にはよく出ていて、最近では、２０１８年3月に放送された「ちくわ芸人」でのパロディドラマで練り物工場の社員を熱演!?　怖いもの知らず、が私の取り柄です。朝5時集合というハードなロケ撮影でしたが、うんと楽しみました。

いくつになっても、どこでもひょっこり顔を出して、「手伝うわよ」と言える心の軽さを持っていたいものですね。

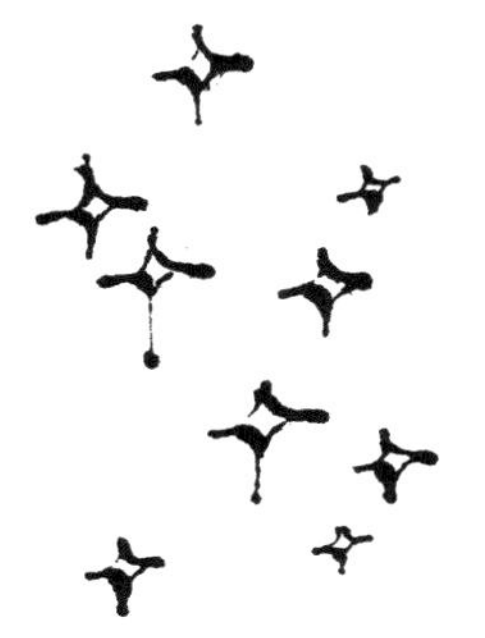

33

人も自分も笑顔にしたいから
根っからのエンターテイナー主義！

人を喜ばせることが大好きな私。

花は「きれいね」という笑顔を呼び、料理は「美味しいね」という笑顔を呼ぶ。

その笑顔を何度でも見たいから、また頑張っちゃうのです。

相手がニコニコ！　と笑ってくれたら、私もニコニコニコニコ！

「石橋さんって、本当に70代？　夜中にガソリン飲んでるんでしょ？」なんてからかわれるくらい元気自慢の私の一番の栄養剤は、きっと「皆さんの笑顔」なのかもしれませんね。

そんな私の気質は見事に娘たちにも遺伝したみたいです。

私の77歳のお誕生日会をホテルで企画してくれただけでも嬉しかったのに、サプライズで特別な映像まで。壁に映し出された映像には、私が普段一緒に仕事をしている会社の子たちが出演して、SMAPの「世界に一つだけの花」を順に歌いつなぐ大作が流れました。

娘たちも忙しいはずなのに、私に気づかれないように皆さんに頼んで、こっそり映像を撮りに来ていたそうです。今回だけでなく、70歳祝いの時には、徹子さんからのメッセージまで入っていたから感動しました。

さらに、歌手の沢田知可子さんの生歌唱まで。映像のBGMに流れる「ありがとう」をウットリと聴いていたら、歌詞が二番になったところでいきなり本人が登場。もともと親交があるのですが、わざわざ来ていただけるなんて大ごとです。

身内の誕生日会にそこまでやってくれるの!?　とビックリしましたけれど、振り返ってみれば同じようなことを私もやってきましたね。古い友人の誕生日会で「黄色いものを身につけてきて」とドレスコードを聞いて、幼稚園の黄色い帽子を被っていって笑わせたこともありましたっけ。お茶目なサプライズで驚かせるのが楽しくってたまりません。

34

仕事には絶対に手を抜かない自分で決めたゴールに満足したいから

テレビが白黒だった時代、「花は造花でも構わない」という方もいました。「テレビに味は映らないよ」という方もいました。でも、私はそれじゃ納得できない。自分の手仕事としてやるとなれば、より美しく、より美味しく。誰かに決められた合格点ではなく、自分で決めた合格点を目指したいもの。それも、う一んと高い点数でね。

先輩も上司もいなかったから、私が「これでいい」と言えばそれで済む仕事。だからこそ、絶対に手を抜きたくなかったんです。

例えば、花であれば、番組テーマや出演者などの情報を聞いたら、どんな花をどんなふうに置くと番組が華やぐか、美術スタッフの責任者やディレクターと打ち合わせます。

花の構図のデッサンを描いてイメージを説明し、市場で花を買って、デッサンを描いた時よりももっともっと素敵になるように心を込めて生けていきます。

花は生ものですから、「用意できない」と説得するための〝言い訳〟はいくらでもできますが、私は難題がくるほどに「やってやろうじゃない」と腕をまくりたくなるタイプ。花を咲かせるためなら、西へ東へ、飛び回ります。

そうやって苦労して集めたのに「ごめんね。恵三子さん、せっかく用意してくれたのに映らなかったの」ということだってたまにあります。でも、それは事情があっての結果なのだから仕方のないこと。まったく気にしません。なぜなら、私の満足は人から評価されるかどうかではなくて、〝自分で納得できる仕事ができたか〟ですでに定まっているのですから。

結果に左右されずいつも一生懸命やっていれば、「また次にお願いね」という信頼関係が育っていきます。そして、また次につながる。その繰り返しで、私はいつのまにか50年も、この仕事を続けることができたのです。

35

長く一つの場所で働く一番のご褒美
それは、仲間と一緒に
年を重ねられること

テレビ朝日が放送を始めた頃から、「消えもの」の仕事をしてきた私。その頃に一緒に仕事を始めた同世代とは一緒に年を重ねてきました。

生意気な冗談を言い合っていたいつものあの子も、今ではすっかり銀髪が似合う年齢に。みんなずいぶんと偉くなっちゃいましたけれど、私には誰も逆らえませんよ。なんてったって、新人の頃からみーんな知っているんだから（笑）。

ほら、今日も食堂にいたら、「お！　元気？」と声がかかりました。グループ会社の社長です。たいていの現場では私が一番のベテランですし、廊下のすれ違いざま、「ほら、あの人が有名な石橋さんだよ」なんてささやかれることも。

ずっと慣れ親しんだ場所で、お互いに知っている仲間が何人もいる。これほど恵まれた環境があるでしょうか。年齢を重ねるほどのびのびと仕事ができる。これこそ、長く働く一番のご褒美だと思っています。

今でこそどの業界でも女性がたくさん活躍する時代になりましたが、私が若い頃はテレビ局で働く女性なんてほんのひと握り。花と料理を扱う私のほか、メイクを担当する女性くらいで、40～50人ほどいる番組制作チームの中で女性は2人くらいしかいませんでした。

それを「やりづらい」と思ってしまえば終わりだけれど、根っからのポジティブ思考の私は「男性を選び放題じゃないの！」とむしろその環境を楽しんでいました（実際、夫も社内結婚ですしね）。おかげさまで超モテました！

という冗談はさておき、お互いに仕事をやりやすくする心がけは大事。挨拶はカラッと元気に。ポン！　と肩を叩いて「頑張ってる？」とスキンシップも。そして、一緒に悩み、一緒に笑う。男も女も関係なく、仲間づくりにはこれが一番だと思っています。

36

笑顔は人を元気にする最高の花
人の輪で咲く花でありたい

「石橋さんご自身が、花みたいですね。いつも人に対して笑顔を向けるから」

最近、こんなことを言われて、ハッとしました。

たしかに、私はどんな時も笑顔でいようと心がけてきました。人の出会いは一期一会。今日咲ける花が精一杯咲くように、私も一番の笑顔で一日を過ごしたいと。

花をきれいに生けるには、その花の正面を光源に当てること。その花がきれいに見える〝正面〟はどこか探してあげて、その正面がパッと見えるように向きを整えることが大切です。

これはきっと人も同じ。相手に向けて、さぁ、今日もいい笑顔！　笑顔でいようと毎日心がけていると、自然と「いつも笑顔の石橋恵三子さん」というイメージが定着していきますよね。あなたは周りにとってどんな花でありたいですか。私はいつも笑っている花でありたいと思っています。

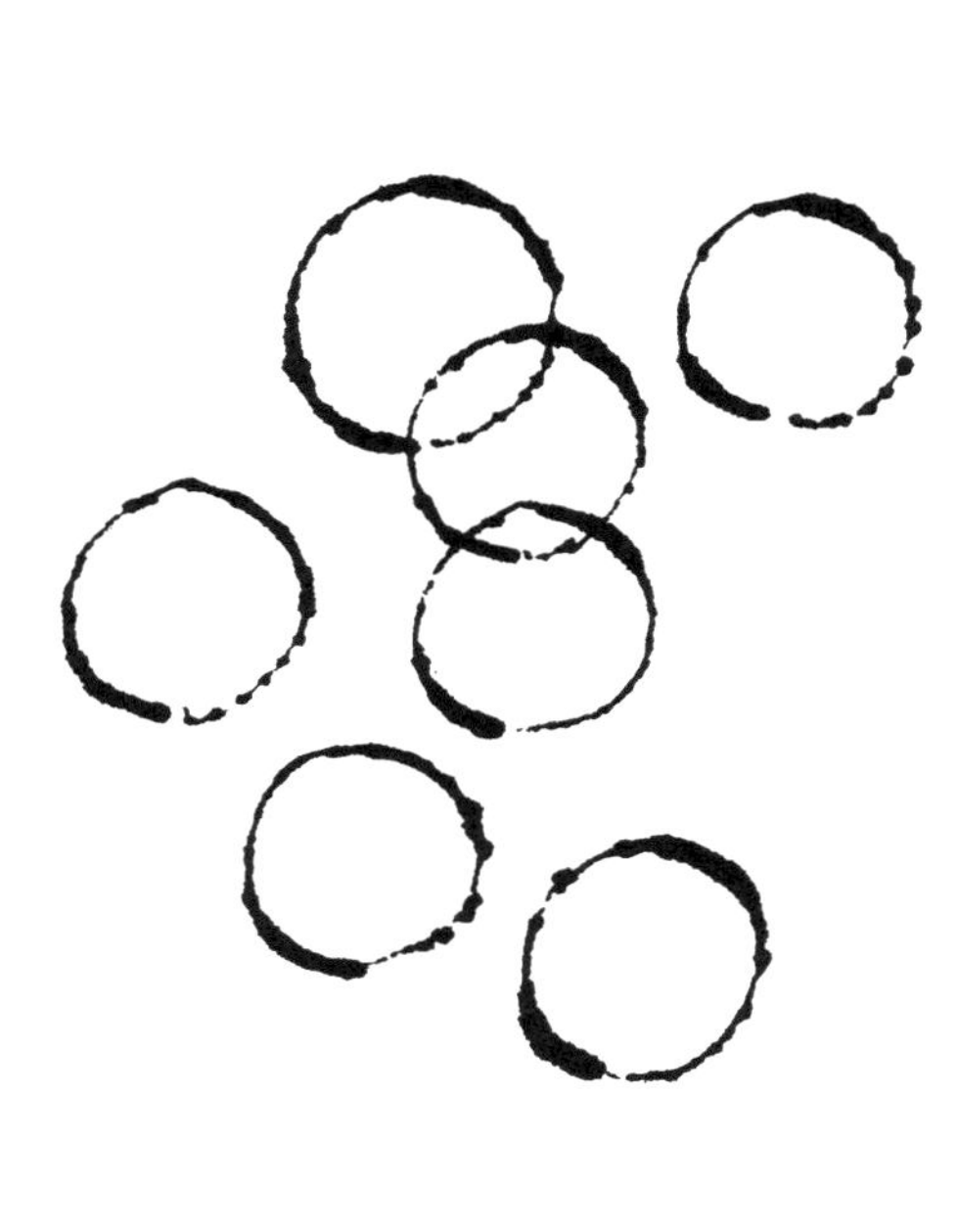

37

任せて褒めて、のびのびと〝背中〟を見せれば人は育つ

後輩や部下を育てるのが苦手、という女性も多いようです。でも、長く働き続けて、その仕事を誰かに引き継いでいこうとするなら、避けては通れない道ですね。

私はどうしてきたかというと、だんぜん〝褒めて伸ばす派〟です。うちの子たちを叱って指導することはほとんどなかったと思います。唯一、時間だけは厳しかったかもしれませんが、それも「遅刻はダメだよ」と一言伝えたら終わり。

結局、人は自分で考えて、習得しなければ伸びません。だから、私ができる一番の育成法は、「いい手本を見せること」。難題がきても諦めず、誠意をもって仕

事をする姿勢を近くで見せていくことが、私の役目だと思っています。

そして、自分の手を離れても大丈夫だと思える仕事はどんどん任せて、任せたからには認める！　褒める！　任せて文句をつけるくらいなら、私が最初からやってみせればいいのです。

しかめっ面をして偉そうなことを言うのは下の子を萎縮させるだけですし、何より自分がつまらない。いつでも楽しくなくちゃ！　とラテン系の性格だからしょうがありません。私が率先して冗談を言って、雰囲気を明るくしています。

とはいえ、ほどよい緊張感は絶対に必要。明るく楽しく、でも気持ちは引き締めて。そのバランスが実は一番難しいのかもしれませんね。

目指す方向性に違いがあったり、「こんなに長時間拘束されるのは嫌です」と不満があったりと、辞めていく子だってもちろんいました。去る者追わず。「あなたがもっと力を発揮できる場所で頑張りなさい」と送り出します。ここ数年で安心して任せられる子がしっかりと育ってきたのは、とても嬉しいことです。

38

結婚や出産、女性ならではの転機には「信じて待つ」姿勢を持って

後継者を育てたいと思いながら試行錯誤を続けていた私ですが、数年前にやっと「この子は」と思える出会いに恵まれました。

調理師とお花の免状も持っていて、移動に必要な車の運転もできる。もともと家族ぐるみの付き合いの方のご親戚でしたから人当たりのよさも知っていましたし、仕事に対するやる気も充分。すでに結婚、出産もしていて家庭を持っているので、「一生懸命教えても、いつか結婚して辞めるかもしれない」と心配もしなくていい。まさに理想的な条件でした。

ただし一つ、ネックだったのは、彼女の子どもたちがまだ小さかったこと。彼

女自身が「しばらくはセーブしながら仕事をしなければいけない」と悩んでいました。

その気持ちを知って私は迷わずこう言いました。「大丈夫。私はまだまだ元気で働けるんだから、あなたが母親としてやらなければいけないことがあればいつでもそちらを優先して。子どもが手を離れてきたら、思い切り仕事に没頭すればいい。それまでは私がしっかりサポートしていくから」。

仕事は続けたい。でも、今は思い切りできない——。そんな葛藤は、私も育児をした経験から痛いほどわかっていました。同時に、それが〝期間限定〟の悩みであることも。〝その時〟の渦の中にいるとなかなか見えないことも、経験者だから言ってあげられることはあるでしょう。

「100パーセント協力するから、私についてきてほしい」とハッキリと伝えると、彼女も安心してくれたようです。

部下や後輩が仕事をセーブしないといけない事情が生じた時には、「大丈夫。協力するから」といえる気構えを持ちたいものですね。

39

出会い、仕事、生きがいをもたらす花とは私の人生そのもの

私にとって花とは何か。あらためて考えてみると、それはやはり「人生そのもの」という答えになると思います。

花がきっかけで人と出会い、仕事になり、その仕事が私の生活を支え、何にもかえがたい生きがいをもたらしてくれました。花があって生かされた私。死ぬまで花に囲まれていたいと思っています。

毎日色とりどりのたくさんの花に囲まれている私ですが、「好きな花を一つ」と聞かれたら「匂い水仙」と答えます。

冬に咲く、真っ白な水仙で、スッと立った1本の茎に4つも5つも花が咲く、

上品さと華やかさを持ち合わせた花。水仙に珍しく、甘やかな香りがして…。ありきたりでなく、滅多に出会えない花というのもいいでしょう。

どんな花もそれぞれに魅力があって好きですが、あえて一つと言われたら、この花を選びます。

裏話の告白になりますが、実はもう何十年も前、「徹子の部屋」のフラワーアレンジメントを初回から続けている仕事人ということで、「ゲストとして出てほしい」とオファーをいただいたことがありました。

当時の私はまだ若く道半ばで、裏方に徹したい気持ちから丁重に辞退しましたが、あれからずっと続いてギネス記録になるほどの長寿番組になるなんて、当時は思いもしませんでした。

もしもいつかまた、同じようなオファーが来たとしたら、匂い水仙を自分のために生けようかしら。なんてね。

毎週大田区にある花市場に買い出しに行きます。
花は生き物。一つとして同じ花はありませんから、
何度通っても飽きることはありません。
長年通っていますから、気心知れた
市場で働く人たちとの会話も楽しくて。
活気溢れる市場の中で、
花を通じて季節の移ろいを感じられるのも、
楽しみの一つです。

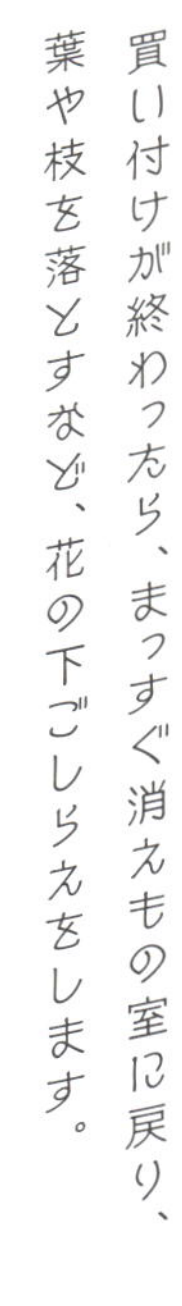

買い付けが終わったら、まっすぐ消えもの室に戻り、
葉や枝を落とすなど、花の下ごしらえをします。

これもひとえに、本番の日に向けて
花を一番いい状態に持っていくため。
絶対に手は抜けません。

もてなしが好き。
でも、パパッと手早く作らなきゃね。
さぁて今日はローストビーフでもいかが？

永遠に若々しさを感じられる
グリーンをインテリアに。
自宅では造花派なのよ。

この章では、大好きな花しごとを50年続けられた
原動力について語ります。
ワークライフバランスなんて言葉が
なかった時代から私なりに実践してきた、
私なりの家事、子育て、介護、
リフレッシュ法について、ご紹介します。

第3章

Chapter.3

大好きな花しごとの原動力

40

一人っきりのリフレッシュも大事
さぁ、今晩も韓流ドラマで夢のひととき

仕事は大好き。でも、ゆったりとリラックスできる一人の時間を持つことも、長く働き続けるためには大事です。私の場合、「ヨン様ブーム」以来の習慣になっているのが、寝る前の韓流ドラマ鑑賞タイム。欠かせないリフレッシュです。イケメンが好きというのもありますが、それ以上に癒やされるのが韓流ドラマ独特の家族の描かれ方。古き良き時代の日本の姿が生きているようで、じーんと心が温まるのです。特に好きな作品は「カムサハムニダ」。子役の演技も素晴らしい！

夫の就寝を見届けて、台所仕事も全部終えたら、私の個室にこもってテレビを

パチリ。自分で買ったり、友達から借りたりと、これまで観た作品はＤＶＤ３００枚を超えます。

疲れて帰ってきてもＤＶＤを１日２本。毎日疲れをためずに働くために、「私の元気、潤いのもと」を何か一つ持っているといいと思います。

自宅でのリフレッシュタイムのひとコマ。ワイヤーとペンチを使ってオーナメントづくりをすることも。

41

住まいも楽しく飾り付けて手を動かすのが大好き！

子どもたちが巣立って夫婦二人だけの暮らしになってから住み替えた、コンパクトな間取りのマンション。都心にほどよく近く、地域に親しまれる商店街を歩いて少し入ったところにあって、落ち着いて心身を休められる憩いの場所です。仕事第一の私ですから、なかなかゆっくりは過ごせませんけれど、やっぱり何かと飾り付ける手作業が大好き。玄関を入ってすぐ目に入る正面の壁、トイレの壁、テレビボードとその周りの壁など、至る所にお気に入りの造花のアレンジメントで、私好みの楽園をつくっています。

造花だけでなく、キラキラと光るオブジェを組み合わせるのも好き。しかも、一度完成したら終わりではなく、「そろそろクリスマスだから雪をイメージして」「今度はもっと春っぽく!」と季節ごとに変化をつけるのがまた楽しいのです。

飾りに使えそうな素材を見つけたら買っておいて、道具と一緒に保管。ちょっと時間が空けば、集中して手を動かすのがほどよいリフレッシュになっています。

今日も、食事をするテーブルの上に吊るしたペンダントライトを見ながら、「あんなふうにしたら素敵じゃない?」って新しい飾り付けのアイディアを思いつきましたよ。

自宅は誰のためでもない自分と家族のためだけの空間ですから、誰かに見せて褒めてもらうことが飾る目的じゃありません。ただ、自分たちの空間を飾ることを楽しむ時間が心を満たしてくれるんです。

家の中での私の特等席は、ダイニングテーブルから部屋全体を見渡せる椅子。正面にはテレビ。やっぱり私、テレビが大好き! もちろん仕事のための情報収集にもなっていますが、単純に今何が流行っているのか、どんな方が人気なのか、知るのが面白いのです。

〝ミーハー心〟を忘れないことは心の若さを保つもの、でしょ?

42

子育てで一番大事なこと それは我が子を信じ切ること

仕事と育児の両立は、女性にとって永遠のテーマですね。

私が子育てをしていた時代には、働く女性がまだまだ少なく、娘が学校に行き始めてからは「他のお母さんに比べて、一緒にいられなくてごめんね」という罪悪感も時々顔を出していました。

できていないことを並べ挙げればきりがありません。目が届かない時の子どもの行動を心配し出すと、それだけで頭がいっぱいになるでしょう。だから、私はただ一つのことを大事にしていました。

それは、我が子を信じ切ること。

「私の子はきちんとやりとげる」
「頑張る力があることを知っている」
信じるよりももっと強く、自分に言い聞かせるように〝信じ切る〟のです。すると、不思議と、そのとおり、何も心配事は起きませんでした。信じるが勝ち！

今は何かと先回りして、子どものためにあれこれと準備をしてあげるお母さんもいらっしゃるようですが、「子どもは親から信じられると、ぐーんと伸びる」というのが私の子育て理論。

自分に言い聞かせるだけでなく、本人にももちろん伝えます。それから、職場の同僚や周りの人たちにもハッキリと。
「うちの子たちは大丈夫です。ちゃんと考えられる子たちですから」

子どもの前でもいない場所でも、親がそうやって言い切るだけで、子どもの背筋がシャンと伸びていくんですよ。

43

こんにちは、ありがとう、ごめんなさい三大挨拶だけは厳しくしつけ

普段は〝おおらかな親〟として娘たちに接していた私ですが、唯一厳しくしつけていたのは、挨拶。

特に「こんにちは」という出会いの挨拶と、感謝の言葉「ありがとう」。そして、素直に謝る気持ちを表現する「ごめんなさい」。この三つだけは、きちんと大きな声で、相手の目を見てしっかりと言うようにと小さい頃から教えてきました。「ありがとう」は頭を四十五度下げてお辞儀して。気持ちが伝わるように。

挨拶は相手への敬意を伝えられる素晴らしい習慣。初対面でも挨拶がハキハキと言えるというだけで、礼儀正しい印象を与えることができますから。実際にそ

の方針で育ててみて、間違いじゃなかったなと感じることは多かったですね。
そして私も大事にしてますよ。今日も元気にハツラツと、「こんにちは！」。

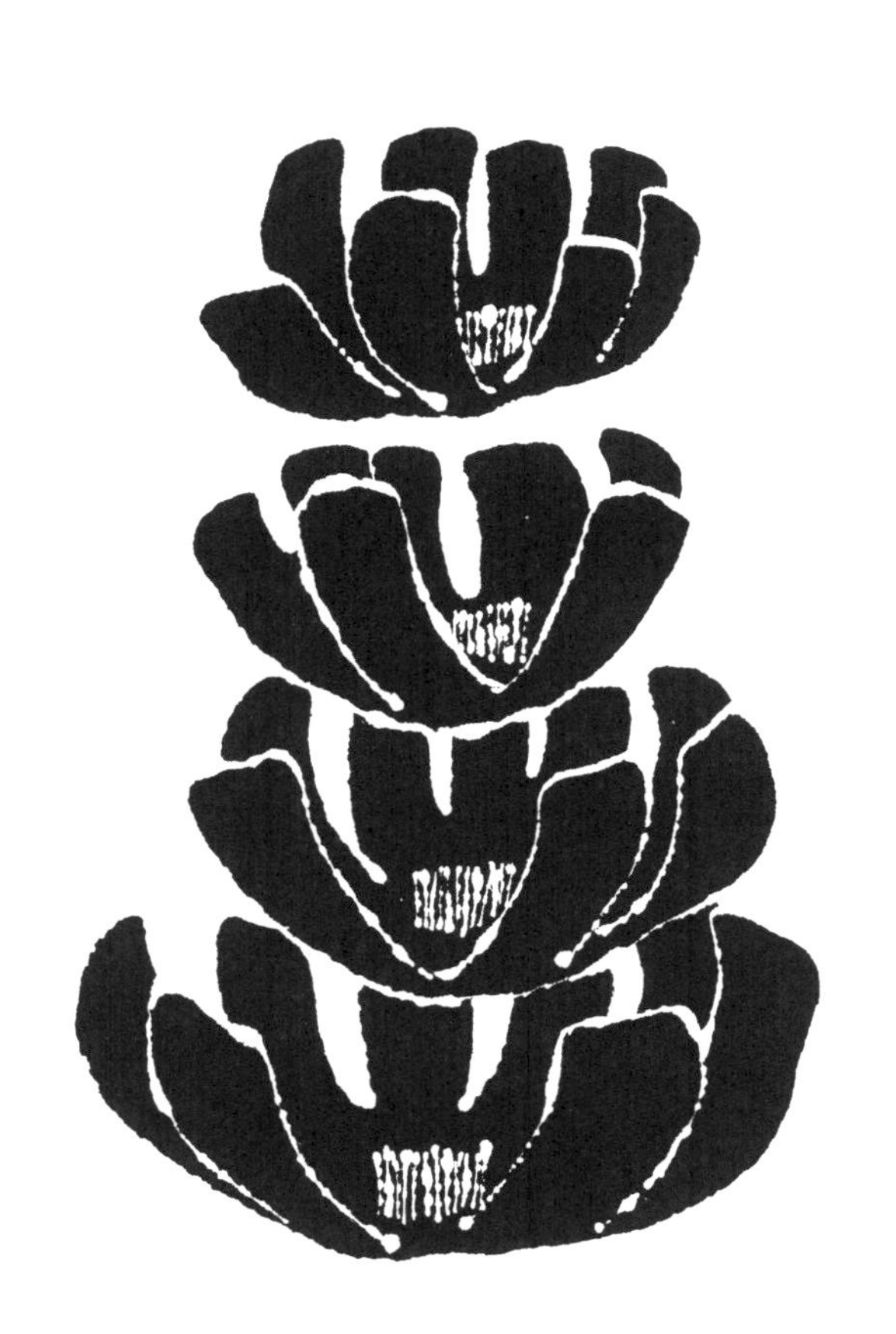

44

娘の小学校受験は、移動中の〝自己流塾〟で乗り切った

私の自慢は娘たち。二人とも本当にいい子に育ってくれました。心が温かくて、気前がよくて。成人してからはそれぞれの好きな道に進み、頼もしく活躍してくれています。

とはいっても、娘たちが幼かった頃はテレビ業界が伸び盛りの一番忙しかった時期。仕事はとても面白くて、子どもを産んだからといって辞めることは考えていませんでした。

我が子は可愛い。でも、ずっと一緒についていられる母親ではない。だから、彼女たちが心健やかに育つための環境をきちんと与えてあげようと思いました。

教育理念に筋が通っていて、しっかりと勉強をさせてもらえる学校法人を探し、あるカトリック系の私立小学校に娘たちを入れることにしました。「子どもはみんな神の子」という平等の精神に共感できたのと、「気が合う友達とも出会えそう」という雰囲気も重視。私が長く一緒にいられない分、先生方やお友達から受ける影響の力は大きいと思ったのです。

受験勉強は〝自己流〟で。仕事の合間を縫って手製のドリルをつくって書かせたり、東京23区の名前を覚えるための語呂合わせを作って一緒に暗唱したり。

当時は保育園なんて十分にありませんでしたから、幼稚園が終わると車で迎えに行ってそのまま仕事場に連れていくなんてしょっちゅう。

車の中の時間は、親子だけになれる貴重な時間でもありました。おしゃべりしながら九九を教えたり、車窓から見える道路標識で文字を教えたりしていました。今となっては懐かしい思い出です。

子どもを育てるのは親の力だけじゃない。長い時間を過ごす環境が大事。そして、その環境は、努力すれば選べる。親も一緒に努力して、環境をきちんと作ってあげる。それが私が実践してきた子育ての方針でした。

45

父母会は率先して参加。母親同士のつながりは今も楽しい付き合いに

小学校生活というのは何かと親も忙しくなるもの。仕事を持っている母親というのは、ちょっと肩身が狭い思いをすることもあると思います。

私も上の娘が学校に通い出してすぐの頃は、「お子さんが帰宅してすぐの顔を見て、その日の出来事を察して下さいね」という先生の言葉に、「私は夜遅くまで仕事をしているから、それはできないな」と胸がチクリと痛んだものです。

でも、「だからこそ！」と発想を転換。父母会や先生方との連絡会には積極的に参加するようにしたのです。最後は、役員や会長にまで立候補したのですから、

我ながらよくやった！ と思います。職場には「この1年間だけは母親業を頑張らせて」と宣言して、理解を得ました。

といっても、決して学校での役割を面倒に感じたりすることはありませんでした。帰宅してすぐの娘の顔色を間近で見てあげられないからこそ、学校と連携できる接点は大切に。役員や会長になれば、校長をはじめとする先生方と直接お話できる機会もぐんと増えます。

情報をとれる特権、コミュニケーションを楽しめる特権をフル活用しないなんてもったいない！ と思っていました。先生方も「仕事をしているお母さんは、なんでも行動が早くて助かる」と思ってくれたようです。

母親同士のお付き合いも楽しいもので、四十年近く経った今でも交流が続いています。「四季の会」といって、年に四回、食事会を楽しんでいるのです。子どもたちはとっくに巣立っているのに、おかしいでしょ。最初は〝娘のため〟と思って始めたことですが、途中からだんだんと〝楽しいからやる〟という動機に。

こうやって振り返ってみると、つくづく思います。私は人が好きなのねと。

46

きょうだいは比較せずに個性を伸ばす
それぞれに美しく咲く花育てと同じ

子どもはそれぞれに輝く個性と伸ばせば伸びる能力を備えている。同じ種、同じ土から育った花でも、それぞれに咲き方が違う花と同じだなぁと思います。

私が育てた二人の娘も小さい頃からそれぞれに違ったよさがありました。しっかり者でなんでも器用にこなす長女に比べて、次女はじっくり伸びるタイプ。

長女が得意なことだからと次女に勧めることはしないように、そして彼女自身が自分の意志でやりたいことを見つけて、「これをやってみたい」と言ってくるまで私は待っていました。そして、それが何であっても絶対に応援する！　と決めていました。

だから、次女が小学生の頃、「ゴルフをやってみたい」と言い出した時はすぐに「いいわね。やってみなさい」と即答しました。とはいえ、今のようにジュニアゴルフブームが起きる前で、子ども向けに指導してくれる教室は都内にもほとんどありませんでした。

さてどうしようか。でも、ここで諦めちゃ、エミコの名がすたる！

私は伝手をたどって通える距離の教室に直談判に行き、ジュニアクラスに低学年の女の子が入れるよう頼んだのです。次女がゴルフを習える環境を整えました。

なんでもやってみなくちゃわからない。応援すると決めたら、親としてできることは精一杯やる。こういう姿を子どもも自然と感じ取るものだと思います。

自分でやりたいと決めたことなら、誰だって一生懸命頑張れます。次女も夢中になってゴルフを練習して、家族で一番上手になり、就いた仕事もゴルフ関係。そこを起点にぐんぐんとキャリアアップしていきました。

好きなこと、得意なことを見極めて、のびのびとその子らしく成長できる環境を準備すること。人育てと花育て、ちょっと似ているかもしれませんね。

47

多忙な夫に家事は期待せず「あなたにしかできない仕事」と背中を押され

夫とは1969年に結婚。気づけばもうすぐ結婚50周年にもなるんですね。

テレビ局の美術部にいた縁で出会って、その後、夫はドラマのプロデューサー職に。彼のプロデューサーとしてのデビュー作は有吉佐和子さん原作の「悪女について」で、私は消えもの担当として参加していました。

夫の出世作となるはずの作品に泥を塗っちゃいけない。私も一切手を抜かず、自分の持ち分の仕事をやり遂げました。

自然とお互いの仕事を知っていたから、夫は私の最高の理解者でした。

今に至るまで何度も言われてきたのは、「あなたの仕事はあなたにしかできない仕事なのだから、やり続けなさい」という言葉。育児を理由に私が仕事を諦めることを、夫は望んでいませんでした。

申し訳ないけれど妻業はいつも二の次。でもそれは暗黙の了解のうちで、文句を言われたことは一切なし。とはいえ、夫も多忙なので家事や育児を手伝ってくれるわけでもなく。

私は職場に子どもを連れて行き、周りの手を借りてなんとかやっていました。娘が学校から帰る時間に間に合わない日は、時間を見計らって必ず電話を入れて声を聞く。あれもこれも全部は無理。できることをやるしかないんです。

一つ、正解だったと思っているのは、同居していた夫の両親を頼らなかったこと。一度お願いしたらどこまでも甘えてしまいます。「自分たちでやっていきます」とはじめから宣言して、余計な心配をかけないようにしていました。

ハッキリ決めることで、私もかえってやりやすかったように思います。私が深夜に帰宅して、お風呂の音で義父母を起こさないかとヒヤヒヤとすることもよくありましたっけね。

48

台所に立つのはちっとも苦じゃない「あるものでパパッと美味しく」が基本

「ママ、乾杯するからとりあえず座ってよ」

しょっちゅう行き来があるから別に珍しいわけでもないのに、娘たちがうちに来た日はついつい張り切って食卓を賑わせます。

昔から私は台所に立ったら立ちっぱなし。でも、全然苦ではないのです。特に凝った料理を出すわけでもなく、忙しい時はお惣菜だってフル活用。得意なジャンルは「ある材料で、パパッと美味しく」。家庭料理の基本はこれだと思います。

今日は安く手に入った牛肩ロース肉があったから、ローストビーフを作ってみました。

塩コショウをまぶした肉にフライパンで焼き色をつけたら、アツアツのまま真空パックに入れて熱湯に3分。お湯から取り出してそのまま20分間置くだけで、しっとり美味しいローストビーフのできあがり。おすすめのもてなしレシピですよ。

効率よく動けるよう、調理道具を配置しています。

49

永遠に若々しいグリーンで癒やしの空間
自宅はあえて〝造花〟派

仕事でこれだけ生花を扱っているから、「さぞ、ご自宅は花でいっぱいなんでしょうね」と言われますが、いえいえ、実は自宅では造花派なんです。

なぜかというと、朝から晩まで家を空けることが多くて、水やりや温度管理が充分にできませんから。花や緑をこの手で枯らすのは嫌なので、生花は家にあまり置かないようになりました。

造花なら、その花が一番きれいな時の色が永遠に続くでしょ。私はちょっと値が張っても質感のいい造花を選んでいます。

特に好きなのはモンステラ。南国風で大らかでモダンな葉の形が大好き！　テレビの周りの壁に、トイレに、玄関にと至るところに造花のモンステラを飾っています。

時間がある時には、行きつけの造花専門店でいろんな種類の造花を買ってきて、アレンジメントのようにしてグルーガンで額に固定。これもなかなか好評で、いつのまにか皆持って行くからすぐになくなっちゃうのだけれど。気ままな造花遊び、皆さんもぜひどうぞ。

大好きなモンステラはいつも目に入る位置に。

50

癌と闘う夫を介護中でも、この仕事は手放しません

半年ほど前、夫が突然、体調を崩し、癌と診断されました。

幸い、抗がん剤との相性がよかったようで、癌は少しずつ小さくなってきていますが、治療のための入院と自宅療養を繰り返す日常となりました。

普通なら、「夫の介護のために」と仕事を辞める、あるいは辞めずともセーブするのかもしれませんが、私は絶対にそうはしないと決めていました。

なぜなら私は今の仕事が好き。まさに人生を賭けてきた仕事です。そして、その私を一番近くで応援してくれていたのが夫です。

自分の介護のせいで私が仕事を諦めたら、彼はすごく悲しむはずです。彼の誇

りを汚すでしょう。「辞めなくていい。続けなさい」と夫も言ってくれました。

入院中は医師の先生方にお任せしているので安心ですが、自宅療養中に仕事に出る時は、食事やトイレをちゃんと済ませられたか、無理して歩いて転倒していないだろうかと、気にするときりがありません。

でも、私はあえて「自力でやってね」と言い放つ冷たい妻を演じます。人間の機能は使わなければ衰える。周囲の健康長寿の方々を見ながら、感じとってきたことでもあります。

介護は終わりが見えない旅。だからこそ、力を抜いてやっていかなくちゃ。急に仕事が立て込んで帰宅が遅くなる日が続いても、夫は何も言いません。夫が送り出してくれるから、今、私は思い切り仕事ができる。感謝、感謝、ありがたいこと。

満足できる仕事ができた時にはスマートフォンで写真を撮っておき、「見て、こんなにきれいに花を咲かせたのよ」と家に帰って報告します。夫は「そうか」と頷きます。

私が笑って仕事をしている姿が、一番の薬になりますように。

私がいつ、どのように花の仕事と出会ったか。
この本を読み進め、私がしてきた仕事を通して
私自身にも興味を持って下さった方に向け、
最後に私の花人生を振り返りたいと思います。

終章 *Epilogue*

花しごととの出会い　私の原点

51

6人きょうだいのおてんば娘 人呼んで「不死身のエミちゃん」

私の生まれは昭和15年、1940年。東京の文京区白山で自動車のタイヤを販売する商売を営む両親のもとに生を受けました。きょうだいは上に姉が2人と兄が1人、下に妹が2人。6人きょうだいの4番目で、のびのびと育ちました。

小さい頃のあだなは「不死身のエミちゃん」。何せ真冬でも靴下を履かないくらい元気で活発なおてんば娘でした。

太陽の下で遊んでばかりだったから年中日焼け顔。今、夜中まで働いても倒れないのは、小さい頃に遊んで鍛えた体力の賜物かもしれませんね。

おてんばが行き過ぎて親を心配させた武勇伝も数知れず。小学校に上がってすぐの頃だったか、家にあった大人の自転車をこっそり持ち出して、〝三角乗り〟（サドルに座らない漕ぎ方）をして派手に転んだことがありました。左腕に痛みを感じながら、怒られたくない一心で親に黙っていたのですが、どうも痛みが引きません。

二日ほど経って、食事中に私が左腕を持ち上げない不自然な姿勢で食べていることに気づいた父が「どうしたんだ」と聞いてきました。「実は…」と打ち明けると、父は血相を変えて私を病院に連れて行きました。

病院で診てもらうとなんと骨が折れていたことが分かり、引っ張って治してもらったのですが（当時は骨折の治療はたいてい「引っ張る」でした）、さすがに少し遅かったようで、左腕だけちょっと〝猿腕〟のまま成長しました。

一事が万事、きょうだいの中で一番の元気印。動いていないと思ったら浮かれたようにペラペラとよく喋る女の子で、占い師の先生から「この子が一番出世するよ」と言われたそうです。「女代議士にでもなるのかしら」と母が言っていたのを覚えています。

戦争中は父の親戚を頼って姉たちと岐阜に疎開をしていました。まだ学校に上がる前でしたから、疎開先でのいじめなどに悩むこともなくのんびりと過ごしていました。父は一人娘の婿であったのが理由とかで兵隊にとられることなく、地元の消防団で活動していました。

戦争が終わり、東京に戻ると1年間だけ幼稚園に通いました。小石川植物園の近くの「彰栄幼稚園」。明治時代から続くカトリック系の幼稚園で、今でもあるようですね。

最後の1年しか通っていないのに天性の目立ちたがり屋はすぐに発揮され、お遊戯会では主役のマリア様に抜擢されました。「こんなに日焼けしたマリア様はいないわよ」と母は笑っていましたが、当の私は大張り切り。堂々と初舞台をやり遂げてみせましたよ。

9歳の頃に姉妹や友人と一緒に。前列の真ん中が私です。

52

もてなしの師は、料理屋の一人娘だった母

私は何かにつけ、料理で人をもてなすのが好き。家族でも友人でも、誰かがうちに来たら、まず口をついて出る言葉は「お腹空いてない？」。

決して豪華なご馳走ではないけれど、私が用意したものでお腹を満たして笑顔になってもらえるならと、考えるよりも先に手が動いちゃう。

テレビ番組で用意する料理も、「どうせ視聴者には味は伝わらないんだから」と言われたって、食べる人に美味しく味わってもらいたいんです。温かいものは温かく、冷たいものは冷たく。収録予定表の分刻みのスケジュールとにらめっこしながら、キッチンとスタジオの間を行ったり来たりしています。

食べる人の「美味しい」という気持ちは、言葉にしなくったって絶対に画面から伝わると思っています。

そんな私のもてなし好きの原点は実の母。

本郷で営む料理屋に生まれ育った母は、若い頃から看板娘として店を手伝っていたそうです。料理を作るのも食べるのも好きだったけれど、水商売を嫌って父をお婿さんにとってからは、父が始めた事業が家業の中心になりました。

自動車のタイヤを作るという昭和初期という時代にはハイカラな商売でしたが、うまくいっていたようで住み込みの方が十数人いました。

従業員の方に出す食事のお世話は母の仕事で、いつも手早く美味しいものを作って皆さんに出していました。料理を出す順番や盛り付けの仕方については生き字引のように詳しくて、私も見よう見まねで自然と身につき、知らないことは母に教わってきました。

そんな母の口癖はやっぱりこれ。「お腹空いていない？」でした。

53

夢の舞台に憧れて やるなら目立ってナンボ！

私の目立ち好きは小学校に入るとますます発揮されました。歌を歌えば一番前に出て大声で、「長」と名のつくものには進んで手を挙げる。運動会では応援団を買って出る、男顔負けのなんとも積極的な生徒でした。通っていた文京区立明化小学校の校歌は今でもそらで歌えます。

行事はなんでも張り切るし、「やるなら目立った方がトク！」と考える性格。立候補しなくてもいつの間にか学級委員に選ばれるというのがいつものパターンでした。

今思えばこの頃から、華やかな舞台が好きで、テレビの世界にのめり込んだのは必然の縁だったのかもしれませんね。

芸事が好きだった両親の影響も多分にありました。母は実家の水商売を嫌っていたわりには三味線や唄が好きで、常磐津や長唄といった清元の三味線をいつも弾いていました。

私たちも小学校に入ると三味線は全員習わされましたし、家には檜の舞台があり、先生を呼んで日本舞踊のお稽古をつけてもらっていました。「おかる勘平」という演目の台詞で「東に陽が沈む」という言い回しがあるのですが、私は「ひ」と「し」を反対に言ってしまうクセがあって「しがひにしがひずむ」と言って笑われる。

お芝居は好きでしたが、姉妹全員が続けると外車が何台も買えるということで、私は途中で辞めましたが、妹は長続きしましたね。小さい頃から〝本物に触れる〟機会をもらえたのはありがたいことでした。プロのお芝居も頻繁に観に連れていってもらいました。

華道やお茶を習いに行った記憶はないのですが、「芸事」に親しむ家に育ったことは、私の将来の選択に少なからず影響していたと思います。

54

「身を立てられる芸を一つは持ちなさい」女性の自立を促した母の教育

芸は身を助けるといいますが、まさに母はそれを娘である私たちに口癖のように言っていました。

「身を立てられる何かを一つ、習得しておけば、子どもや家族を養っていけるのよ」と。

花嫁修業が目的ではなく、「自分と家族を養うため」という職業意識として言っていたのは、当時は珍しかったと思います。

母は自営の家に育った人でしたから、会社に雇われてお給料をもらうというより、自分の身一つで稼げる力を磨くほうがよいという価値観だったのかもしれません。娘の私たちはそれぞれ得意な分野を習い、踊りや茶道などの師範をとっていきました。

姉に私に妹に、繰り返し母が伝えていたこの言葉が頭にあったのか、中学に入ってなんとなく選んだ部活動が「華道部」。これが私が花の道に進む原点となりました。

花と出会った中学時代、姉妹やいとこと一緒に。後列右側が私です。

55

中学校で華道部に入部
気持ちを花で表現する楽しみを知る

「身を立てる芸を持ちなさい」という母の教えと、「空いてそうだから」という消極的な理由で入部した中学校の華道部。先生に可愛いがっていただき、そのうち先生の自宅の教室まで習いに行くようになりました。

おそらく飲み込みは早かったほうだったのでしょう。個別指導でとんとんと進み、2年ほどで免状を取らせてもらいました。

ただ、10代のエネルギーが有り余っていた当時の私は、どちらかというと体を動かして目立つことのほうに惹かれていましたから、華道を職業に結びつけようというほどの意識はなし。高校に入ると運動能力を活かしてソフトボール部に入部し、しばらく花のことは中断することになります。

とはいえ、華道を始めてすぐに「花の魅力」を感じることはできました。その魅力とは、花を通して自分の気持ちを表現できること。

決して派手ではなく清楚な花であっても、その花なりの持ち味で表現ができるというところが面白いなと思っていました。そして、花は「生けて楽しむ」のではなく、「見てもらって楽しんでもらう」ものだということも。相手を喜ばせる表現ができているかどうか。これは料理にも通じることですね。

10代で吸収した基礎知識は生涯ずっと生きるもの。特に印象深かったのは「天地人」という考え方。高い位置の「天」、低い位置の「地」、その間に位置する「人」で花を構成するという基礎をしっかりと理解していれば、あらゆる場面で応用が効くのです。

主役にするのはどの花か、脇を固める花は何がいいか、そして下から全体を支えて引き締める花は――。なんだか、人のチームワークにも通じるものがある気がします。

若い頃に花の基礎を学ぶ機会を持ったことは今に生きる財産です。

56

一流を知り感性を磨いた高校時代
人生のモットー「らしくあれ」との出会い

高校は大妻高校に進学。男子顔負けの体力と運動神経抜群の強みを活かして、ソフトボール部に入部しました。素敵な先輩が活躍していたのも動機でした。

不死身のエミコはここでも活躍！　大妻のソフトボール部は強豪だったのですが、1年生からレギュラーを取って、キャッチャーで4番。高校リーグでは東京で優勝、準優勝を飾るチームの主砲として活躍しておりました。

当時、ニューヨーク・ヤンキースにキャッチャーで4番のヨギ・ベラという有名選手がいましたが、私は「女ヨギ・ベラ」として週刊誌に載ったこともあったんです。その頃プロ女子リーグがあったらスカウトが来ていたかも。そしたら、かなり違った人生になっていたでしょうね。

そんなマウンドに立つ私をスタンドから応援してくださる紳士が一人。野球好きなことからいつも試合を見に来てくださった親戚のおじさまでした。

実業家で国際感覚豊かでとっても博識だったおじさまから聞くお話は、いつも新鮮で面白く、「へぇ〜、そんな世界があるんだぁ！」と目を開かせてもらえるものばかりでした。

おじさまは外に出るときはいつも仕立てのいい洋装で洒落た帽子をかぶり、運転手付きのクライスラーに乗るようなとてもハイカラな方。颯爽とステッキを持って歩く姿が格好よく、まるで別世界の人のようでした。

よく青山のテーラーや銀座の床屋さん、時には六本木の高級レストランに連れて行ってくれましたっけ。

そういった〝一流〟のものを若い頃から間近で見たり、体験したりすることが大事なのだと教えてくださっていたのでしょう。

なんでもスポンジのように吸収する10代の私にとっては、自分の感性を磨く上でとても貴重な体験をしました。見せてもらったものも一流でしたが、おじさまの生き方そのものが一級品だと感じていました。

ソフトボールに精を出しつつ、感性を磨く機会にも恵まれた高校時代。いろいろ学んだ中で、最も印象に残っている言葉が、創設者である大妻コタカ先生の「らしくあれ」という教え。毎朝、朝礼で必ずこの言葉をおっしゃっていたコタカ先生は、自分らしく、自分の個性を大事に行動することの大切さを日々教えてくださいました。

背伸びをせず、見栄を張らず、自分が今できる最大限のことを自分らしくやる。分相応な中でも常に自分の個性を大切にし、「らしくある」。女の子は外で働いてはいけないという父の教えに反対し、五姉妹の中で唯一外に働きに出ると決意したのも、自分「らしく」ありたかったから。今思うと、大妻で教えていただいたこの「らしくあれ」という言葉と、〝一流〟のものを見て養われた感性が、その後の私の花しごとへとつながる人生の原点なのかもしれません。

終　章　花しごととの出会い　私の原点

57

姉の嫁ぎ先の花屋のお手伝いから
テレビ業界へ

高校もいよいよ卒業となり、将来の道を考える時期を迎えました。野球には夢中でしたが当時は女性の職業とは考えられず、「お花の免状がいつか活かせるかもしれない」と思うようになりました。

無意識のうちに向上心のようなものが湧いていたのかもしれません。花を生ける時に役立つかもしれないと、デッサンや色について習うために御茶の水美術学院に2年間通いました。

当時も美術大学に進むような学生が通う学校でしたから課題のレベルは高かったのですが、「どうせ習うなら一流を」と考えたのでしょう。打ち合わせなどの場でササっと花のイメージを相手に伝えるのにデッサン力は役に立ちますから、あの頃に絵の基礎を習ったことは無駄ではなかったと思います。

そうこうしているうちに、いよいよ姉が結婚。義兄は麻布に二軒の花屋さんを経営しており、繁忙期には私も手伝いに出かけるようになりました。

お店の目と鼻の先の場所にはテレビ朝日の前身、日本教育テレビの放送局がありました。日本教育テレビの開局は１９５７年。その数年後から私は出入りしていたことになります。

はじめは番組を飾る生花を届ける単発のお手伝いから。そのうち、局で使う造花（「香港フラワー」と当時は呼んでいました）を管理する仕事を任されるように。仕事は料理まで広がっていき、調理師の免許とカクテルの資格も取りました。

私はテレビ朝日専属ではなくフリーですが、長くやっているといいことばかり。スタジオの近くに消えもの部専用の部屋をいただき、２００３年の新社屋建設の時には調理室の設計に意見を取り入れていただきました。おかげでキー局の中で最もきれいで充実した調理室だと今でも褒められます。

そうそう。野球でならした運動神経は、今でも時々発揮されます。テレビ朝日社内のフラフープ大会では見事優勝！　ゴルフ大会でも若い人に負けずにハイスコアを出していますよ。

このように振り返ってみると、当時はまったく無意識であっても、すべての経験が今につながっているのだと感じます。

芸事を身近にしてくれた両親と「身を立てよ」という教え、華道の基礎、料理屋の娘だった母のもてなし、絵を習ったこと。

すべてが不思議とつながって、今に生きているのです。

あとがき

この本の出版を機に、改めて自分の人生を振り返るチャンスに恵まれました。振り返ってみますと、私の周りには心優しく楽しく素敵な人ばかり。とても幸せです。10代の時に生花に触れ、松風流の辻先生に基礎から指導を受けました。今思えばすべての基本を学んだのがこの時期。すべての始まりでした。

20代で本格的に自分に合った仕事に出会いました。その仕事を今現在も、こんなに長く続けられている幸せを改めて感じております。

20代後半、人生の伴侶に出会いました。彼はテレビ朝日（旧・日本教育テレビ）の社員で、美術部に所属していたため、現場の仕事でよく一緒になりました。どんなに忙しくても徹夜続きでも、大勢の人の中でとても楽しみながら夢中で仕事をしている姿に惹かれ、価値観の一致を感じ、20代後半に結婚しました。

30代は、仕事と子育てに夢中で、その半ばに「徹子の部屋」に出会いました。セットの中心に花が飾られる対談番組のスタートでした。

沢山の方に出会い、沢山の方の人生に触れ、「徹子の部屋」という素晴らしい番組と共に、私自身も成長させていただきました。

そして30代で2人の娘に恵まれました。下の娘はなんと黒柳徹子さんとお誕生日が同じで、何か縁も感じています。

今回の出版に際し、特に黒柳徹子さんには、温かい応援をいただき、身に余る光栄と心より御礼申し上げます。

またこの本の出版を認めてくださったテレビ朝日の皆さま、そして「徹子の部屋」のプロデューサーはじめ、各スタッフの皆々様に心より感謝申し上げます。

最後にこの本を出版する為に、多大なご協力をいただきました産業編集センターの皆様、本当にありがとうございました。

皆に愛されている花。そして花と私。

花との出会いが今の私の人生を彩り豊かにしてくれています。

これからも一つひとつの花と向き合いながら、徹子さんやゲストの方々、また番組を見てくださっている皆様を、楽しく笑顔にできるようなお花を生け続けてまいります。

二〇一八年　五月吉日

石橋恵三子

石橋恵三子 *Emiko Ishibashi*

1940年生まれ。東京生まれの江戸っ子。消えもの一筋50年。日本のテレビ開局後の黎明期から、番組づくりを支えながら、テレビとともに生きる人生を歩む。「徹子の部屋」第1回からその日のゲストに合わせて花を選び、フラワーアレンジメントを担当。Instagram「emiko.i.flower」で日々の花日記更新中。

「徹子の部屋」の花しごと

2018年6月13日　第1刷発行
2018年10月3日　第3刷発行

石橋恵三子……著
新井大輔……ブックデザイン
宮本恵理子……取材・構成
キッチンミノル……撮影
コーチはじめ……イラスト
松本貴子……編集

株式会社産業編集センター……発行
〒112-0011
東京都文京区千石4丁目39番17号
TEL 03-5395-6133／FAX 03-5395-5320

株式会社シナノパブリッシングプレス……印刷・製本

ISBN978-4-86311-191-2 C0095